Benjamin Grant
Timothy Dougherty

Unsere Erde
vorher und nachher

250 Satellitenaufnahmen zeigen,
wie wir die Welt verändern

DUMONT Overview

Bildmaterial in Kooperation mit:

Für alle künftigen Generationen –
in der Hoffnung, dass ihr in einer
behüteteren, klügeren Welt lebt.
BRG

Für meine Eltern,
die mich stets ermutigt
und bei all meinen Vorhaben
unterstützt haben.
TXD

Inhalt

Einleitung

Wir leben in einer neuen Ära. In einer Zeit, in der der Mensch die einflussreichste Kraft auf Erden ist – darin sind sich die Wissenschaftler einig. Heute gibt es mehr Menschen als je zuvor: Im letzten Jahrhundert ist die Weltbevölkerung von 1,8 Milliarden im Jahr 1920 auf inzwischen knapp 8 Milliarden, also um mehr als das Vierfache, gewachsen. Durch die Nutzung von Rohstoffen, die unabdingbar für unsere Zivilisation, für deren Strukturen und Aktivitäten sind, hat sich die Erdoberfläche – ob Luft, Wasser oder Land – drastisch verändert. Und allmählich begreifen wir, dass unser Handeln nicht ohne Konsequenzen bleibt. Dieses Buch stellt die besagte Entwicklung in beeindruckenden Aufnahmen visuell dar. Wir verbinden damit die Hoffnung, dass es unser aller Bewusstsein für die Umwelt fördert und einen Beitrag zu einer nachhaltigeren Zukunft leistet.

Das Projekt *Overview* wurde 2013 mit dem Ziel gegründet, Menschen den sogenannten Overview-Effekt nahezubringen – jene Erfahrung, die Raumfahrer machen, wenn sie aus dem Weltall auf die Erde hinabblicken. Aus dieser Perspektive empfindet man sowohl Ehrfurcht als auch eine große Dankbarkeit für unseren Planeten. Die Erde und unsere Zivilisation wirken faszinierend und fremd zugleich. Ihre abstrakten Formen, Farben und Muster lassen uns staunen – einerseits über ihre natürliche Schönheit, andererseits über die Dinge, die der Mensch dort erschaffen hat. Wenn man nun aus ebendieser Perspektive einen bestimmten Ort im Verlauf der Zeit betrachtet, wird umso deutlicher, wie unsere Erde sich verändert. In diesem Buch kombinieren wir Beispiele der Satelliten- und Luftbildfotografie mit dem Faktor Zeit. So entsteht ein Medium, das den tiefgreifenden Wandel unseres Planeten für jedermann sichtbar und nachvollziehbar macht.

Das rasche Bevölkerungswachstum und der technische Fortschritt haben unsere moderne Zivilisation nicht nur möglich, sondern auch unfassbar gemacht. Wir leben im Überfluss, denn wir sind imstande, unsere wachsenden Bedürfnisse und Erwartungen jederzeit zu befriedigen. Und dennoch haben wir offenbar noch nicht begriffen, dass wir mit unserem Handeln die wichtigste Grundlage menschlichen Lebens gefährden – einen gesunden, zukunftsfähigen Planeten. Vereinfacht gesagt, hat unser Fortschritt zu einer weitreichenden Ausbeutung der Erde geführt. Durch die Verbrennung fossiler Brennstoffe gelangten erhebliche Mengen an Kohlendioxid in die Atmosphäre. Der Erdball erwärmt sich und das Klima wandelt sich, genau so wie es Forscher seit Jahrzehnten vorhersagen.

Doch so offensichtlich unser Einfluss und seine Auswirkungen auch sind – es gibt Grund zur Hoffnung. Denn Klimaforscher betonten auch, dass es noch nicht zu spät ist, Lösungen zu finden, die sowohl unsere eigenen Bedürfnisse als auch die der Umwelt berücksichtigen. Kollektives Handeln, gezielte politische Richtlinien sowie neue Technologien können uns den Weg in eine bessere Zukunft weisen.

Voraussetzung und Triebkraft einer solchen Bewegung ist jedoch das kollektive Bewusstsein. Zunächst einmal müssen wir verstehen, wie sich unser Verhalten auf unseren Planeten auswirkt. Deshalb sollen die Bilder und Texte in diesem Buch dazu anregen, kritisch über unser Wirken auf der Erde – in Vergangenheit wie in Zukunft – nachzudenken. Erst mit diesem Bewusstsein können wir eine Zivilisation schaffen, die sich aktiv dafür einsetzt, im Einklang mit unserer Heimat, der Erde, zu leben.

PROLOG

Die Vergangenheit

In der Geschichte des irdischen Lebens stellt die Menschheit ein eher junges Phänomen dar. Doch schon lange zuvor entwickelte sich unser Planet über Milliarden Jahre permanent weiter; geologische Prozesse änderten immer wieder seine Beschaffenheit, wobei insbesondere Wasser eine zentrale Rolle spielte. Bis heute bestimmt es die Gestalt der Erde und bildet den Ursprung allen Lebens. Die meisten wasserabhängigen Lebensformen kamen und gingen wieder im Verlauf der Zeit – mehr als 99 Prozent aller Spezies (schätzungsweise 5 Milliarden) sind mittlerweile ausgestorben. Wenn wir zurückblicken, fragen wir uns, wo der Mensch auf diesem langen Zeitstrahl seinen Platz hat und was die Zukunft für uns bereithält. Darauf gibt es – seit Jahrmillionen – nur eine einzige Antwort: Veränderung.

VORHERIGE DOPPELSEITE

Colorado River
vor 5 Millionen Jahren

Der Colorado River (USA) und dessen Flusslauf sind im Großen und Ganzen bereits vor 5 Millionen Jahren entstanden. Durch die Plattentektonik befand sich das Colorado-Plateau 2,5 Millionen Jahre lang in steter Bewegung und gab dem Fluss so seine Richtung vor. In der Folge wusch der Colorado die Schlucht des heutigen Grand Canyon im US-Bundesstaat Arizona aus. Jener Canyon befindet sich nur wenige Meilen südlich von dem hier gezeigten Flussabschnitt.

36.417100°N, 111.858300°W

GEGENÜBER

Die Anden
vor 45 Millionen Jahren

Die Anden – hier im Süden Perus – erstrecken sich über mehr als 6.920 Kilometer entlang der Westküste Südamerikas, von Venezuela bis zur südlichen Spitze Argentiniens. Sie sind die zweithöchste Gebirgskette der Welt und entstanden vor 45 Millionen Jahren, als sich die Nazca-Platte sowie die Antarktische Platte unter die Südamerikanische Platte schoben; ein geologischer Vorgang, den man als Subduktion bezeichnet.

14.631400°S, 74.981000°W

Zeitstrahl
IN JAHREN

vor 4,54 Mrd.	Entstehung der Erde
vor 4,5 Mrd.	Wasservorkommen

FORTSETZUNG AUF S. 15

Zeitstrahl

FORTSETZUNG

vor 3,5 Mrd.	Erste Formen von Sauerstoff
vor 3,4 Mrd.	Erste Fotosynthese durch Cyanobakterien
vor 850 Mio.	Erste Pflanzen
vor 380 Mio.	Amphibien und Landwirbeltiere
252 Mio.	Vulkanausbrüche in Sibirien führen zu Massensterben

FORTSETZUNG AUF S. 17

GEGENÜBER

Natronsee

vor 1 Million Jahren

Der Salzsee im Norden Tansanias entstand vor rund einer Million Jahren durch Plattenverschiebungen unterhalb des Großen Afrikanischen Grabenbruchs. Es handelt sich um ein seichtes, weniger als 3 Meter tiefes Gewässer, dessen Breite je nach Wasserspiegel variiert. Die Farbgebung ist charakteristisch für eine Salzlake mit hoher Verdunstung, in der salzliebende Bakterien durch Fotosynthese ihre eigene Nahrung produzieren. Ein Nebenprodukt dieser Fotosynthese sorgt dafür, dass sich der See stellenweise hellrot verfärbt.

2.348486°S, 35.731660°O

Zeitstrahl

FORTSETZUNG

vor 230 Mio.	Dinosaurier
vor 200 Mio.	Säugetiere
vor 175 Mio.	Entstehung der Kontinente
vor 100 Mio.	Blütenpflanzen und Regenwälder
vor 66 Mio.	Aussterben der Dinosaurier

FORTSETZUNG AUF S. 19

GEGENÜBER

Niagarafälle

vor 11.000 Jahren

Als Niagarafälle werden drei Wasserfälle bezeichnet, die im Grenzgebiet zwischen der kanadischen Provinz Ontario und den USA verlaufen. Hier zu sehen sind die Horseshoe Falls, die vermutlich vor 11.000 Jahren am Ende der letzten Eiszeit entstanden sind. Damals setzte die Gletscherschmelze eine Menge Wasser aus den gerade gebildeten Großen Seen frei. Dieses Wasser bahnte sich seinen Weg zum Atlantischen Ozean, wobei es über eine Felsklippe, die sogenannte Niagara-Schichtstufe, floss. Von allen Wasserfällen weltweit haben die Niagarafälle den höchsten Wasserdurchfluss und eine freie Fallhöhe von mehr als 50 Meter.

43.077107°N, 79.075506°W

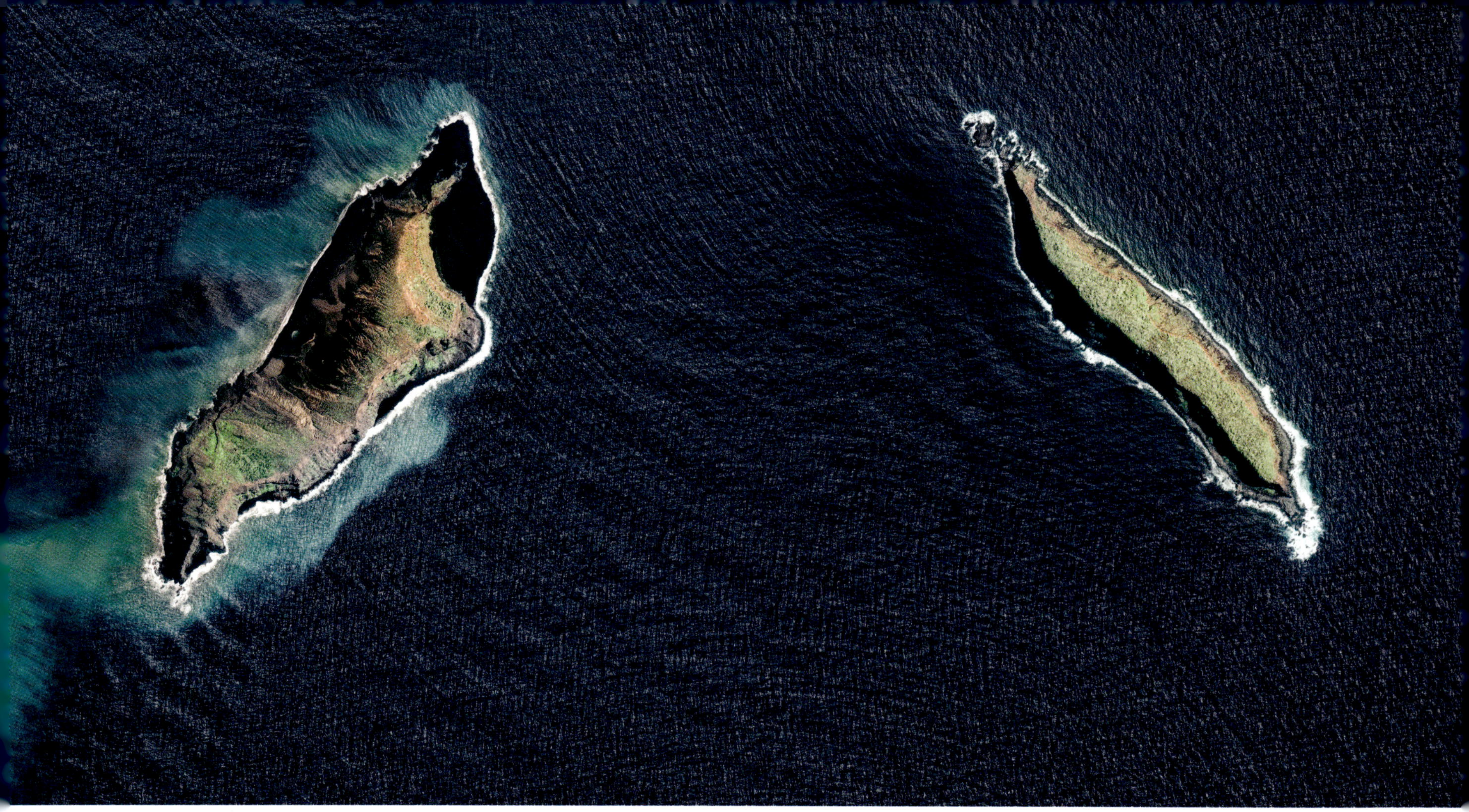

Zeitstrahl

FORTSETZUNG

vor 55 Mio.	Primaten
vor 200.000	Erster *Homo sapiens* in Afrika
vor 45.000	Menschen siedeln in Australien
vor 16.000	Menschen siedeln in Amerika
vor 12.000	Neolithische Revolution / erste dauerhafte Siedlungen
vor 5.000	Beginn der Zivilisation

GEGENÜBER

Vulkaninsel Hunga Tonga-Hunga Ha'apai

2010 / 2019

Seit Jahrmillionen lassen vulkanische Aktivitäten neue Landmasse auf der Erde entstehen; ein Blick auf Vulkanausbrüche der jüngeren Vergangenheit zeigt exemplarisch, was im Verlauf dieser Jahrtausende passiert ist. Als im Jahr 2010 das erste Satellitenbild von Hunga Tonga und Hunga Ha'apai aufgenommen wurde, waren die beiden Vulkaninseln noch durch einen 1,6 Kilometer breiten Wassergraben voneinander getrennt. Sie waren Teil des zu Polynesien gehörenden Inselstaates Tonga, der damals 169 Inseln im Südpazifik umfasste. Durch einen Vulkanausbruch im Dezember 2014 häufte sich im Meer neues Vulkangestein an, das die beiden Inseln seither miteinander verbindet.

20.545347°S, 175.393691°W

ZIVILIS

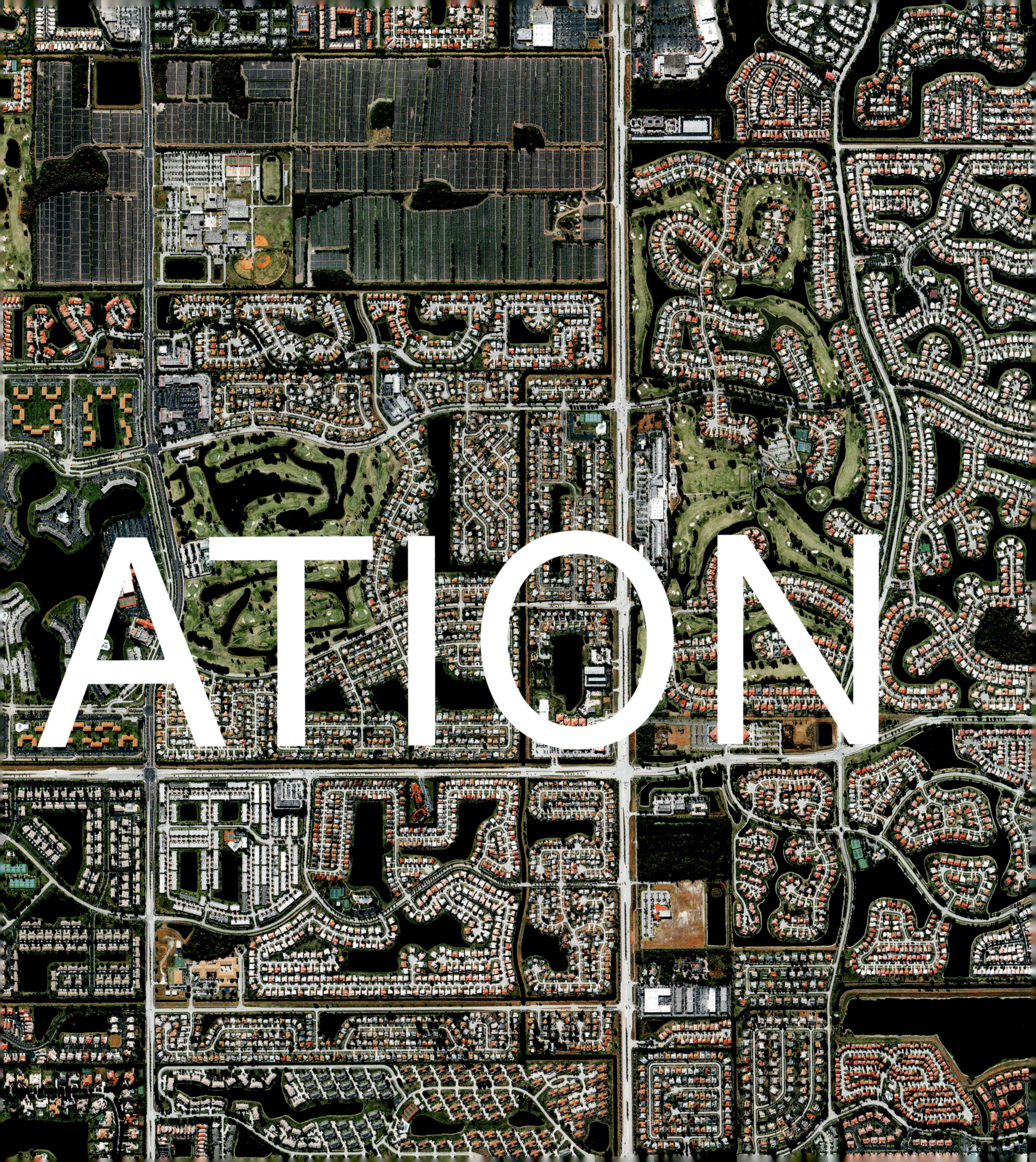
ATION

„Was ist die Stadt anderes als die Menschen, die in ihr leben?“

—William Shakespeare

Urbanisierung

Binnen kurzer Zeit hat sich der Mensch zu einer städtischen Spezies entwickelt. Auch wenn wir uns damit rühmen, den gesamten Erdball bis in die entlegensten Winkel bereist zu haben, leben inzwischen doch über 54 Prozent aller Menschen in Städten. Mehr als die Hälfte der Weltbevölkerung besiedelt gerade mal 1 Prozent der bewohnbaren Erdoberfläche. Im Jahr 2050 werden schätzungsweise 6,3 Milliarden Menschen (65 Prozent von 9,7 Milliarden Menschen) in Städten leben – sie sind also nicht nur Ausdruck unserer gegenwärtigen Zivilisation, sondern werden künftig eine noch größere Rolle spielen. Dieses Kapitel behandelt den relativ jungen Trend zur Verstädterung, den Unterschied zwischen bewusster Stadtplanung und ungeplantem Wachstum und es zeigt, wie sich Städte rund um den Globus durch den Zustrom von Menschen verändert haben.

Erst das Städtewachstum hat den Menschen dazu befähigt, Höchstleistungen zu vollbringen. Im Stadtzentrum fanden die ersten öffentlichen Versammlungen statt, hier wurden Reden gehalten, hier trieb man Handel und es wurde Unterhaltung geboten. Die Aussicht auf bessere Jobs, medizinische Versorgung und Ausbildungsmöglichkeiten lockt Menschen seither in die Städte. Bauwerke, die von uns erdacht und anschließend umgesetzt werden, fungieren als Zentren der Zusammenarbeit, Produktivität und Kreativität. In der Stadt sind Infrastruktur und Dienstleistungen – Unterbringung, Elektrizität, öffentliche Verkehrsmittel, Wasserversorgung und sanitäre Einrichtungen – günstiger und auch weniger umweltschädigend als in dünn besiedelten ländlichen Regionen. Letzten Endes stellt uns die vorhandene urbane Dichte vor eine gewaltige Herausforderung, denn wir müssen eine explosionsartig wachsende Bevölkerung in bereits bestehende, komplexe Strukturen einpassen.

In Städten zu leben ist für viele Menschen das Normalste auf der Welt; für den Planeten hingegen sind derlei Ansiedlungen alles andere als normal. Wegen der steigenden Einwohnerzahlen dehnen die Städte sich aus oder erfinden sich neu. Weltweit sind mehr als zwei Drittel des Energieverbrauchs sowie rund 70 Prozent des CO2-Ausstoßes auf Städte und deren Bewohner zurückzuführen. Aus Gründen der Annehmlichkeit wurden Siedlungen fast immer nah am Wasser gebaut (90 Prozent der weltweiten Ballungsräume liegen in Küstengebieten). Da jedoch der Meeresspiegel steigt, wird paradoxerweise gerade diese Entscheidung künftig zu erheblichen Unannehmlichkeiten führen. Unsere Städte mit Bedacht zu erweitern, sie anzupassen und zu modernisieren wird kein Leichtes sein. Doch wenn wir unsere CO2-Bilanz verbessern und mehr im Einklang mit der Natur leben möchten, müssen wir uns dieser Herausforderung stellen.

VORHERIGE DOPPELSEITE

Boca Raton

2010

Zu sehen sind hier Wohnsiedlungen, Infrastrukturen und Golfanlagen in Boca Raton (Florida, USA). Während der zweiten Hälfte des 20. Jahrhunderts wurden in Florida zahlreiche groß angelegte Wohnprojekte auf dem einstigen Sumpfland realisiert, die, aus der Vogelperspektive betrachtet, faszinierende Muster ergeben. Die Stadt Boca Raton zählt heute rund 100.000 Einwohner.

26.386332°N, 80.179917°W

GEGENÜBER

L'Eixample, Barcelona

2012

Das katalanische Barcelona zählt zu den am dichtesten bevölkerten Städten Europas. L'Eixample ist mit 36.000 Einwohnern pro Quadratkilometer das beliebteste Viertel der Stadt. Dank der achteckigen Kreuzungen sind die Straßenzüge gut einsehbar, deutlich heller, besser belüftet und es gibt mehr Kurzzeitparkplätze als in anderen Stadtteilen. 2017 wurde außerdem ein auf 20 Jahre ausgelegtes Projekt zur Begrünung der Stadt ins Leben gerufen, das bestehende Grünflächen durch neue Alleen entlang der Hauptstraßen verbinden soll. Einerseits will Barcelona so dem Treibhauseffekt entgegenwirken, andererseits werden die Bäume ein beständiges Habitat für Vögel und Insekten bilden.

41.858950°N, 2.276848°O

1989

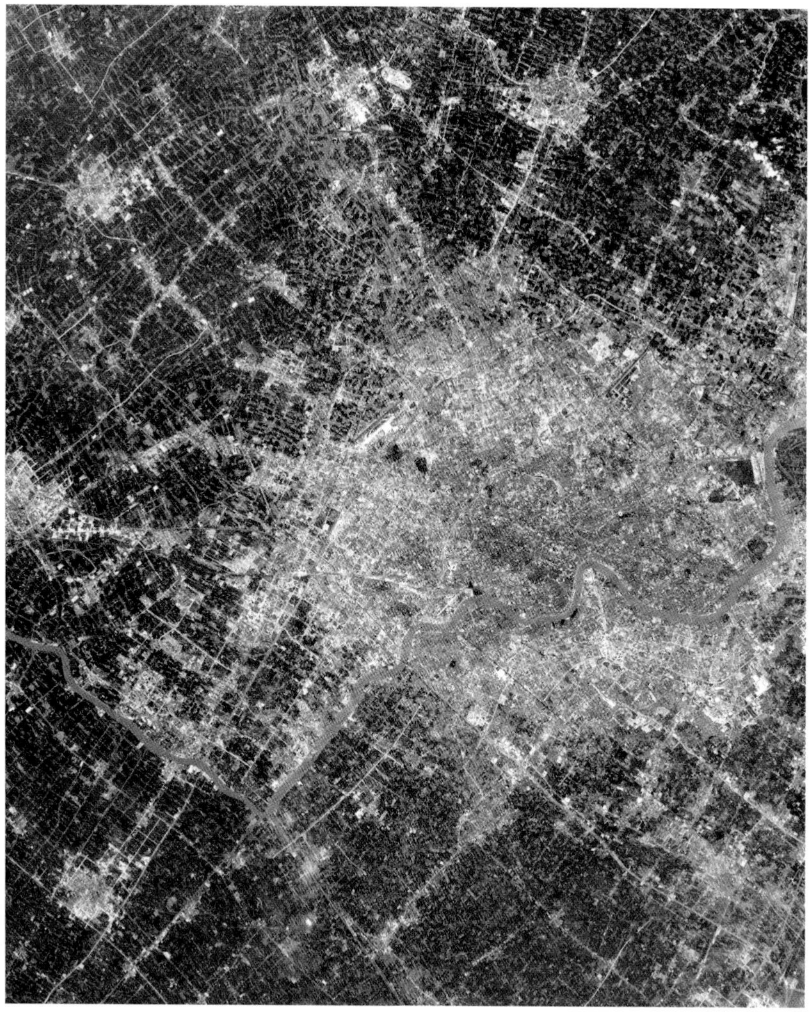

1999

VORHERIGE DOPPELSEITE

Shanghai – Stadtzentrum

2019

Das Bild auf der vorherigen Seite zeigt Pudong (China), einen neuen, an den Huangpu-Fluss angrenzenden Stadtbezirk, sowie das als The Bund bekannte Areal am gegenüberliegenden Flussufer. In diesen Bezirken befinden sich spektakuläre Wolkenkratzer sowie das Finanzzentrum der Stadt. Auch das 1999 erbaute Hongkou-Fußballstadion, das erste seiner Art in ganz China, ist nicht zu übersehen.

31.238916°N, 121.497218°O

2009

2016

GEGENÜBER UND DIESE SEITE

Shanghai – Wachstum

1989–2016

Während der letzten Jahrzehnte erlebte Shanghai – sowie zahlreiche andere Städte in China – ein schwindelerregendes Wachstum. Anfang der 1980er-Jahre begann sich die Volksrepublik dem Weltmarkt und ausländischen Investoren zu öffnen – seither hat sich die Einwohnerzahl Shanghais mehr als vervierfacht. 1984 umfasste das Stadtgebiet westlich des Huangpu-Flusses noch 308 Quadratkilometer; 2014 waren es bereits rund viermal so viele, nämlich 1.303 Quadratkilometer. Inzwischen wächst Shanghai in benachbarte Städte hinein und ist flächenmäßig etwa so groß wie Los Angeles, während seine Einwohnerzahl (annähernd 24 Millionen) mehr als doppelt so hoch ist.

31.224302°N, 120.914889°O

VORHERIGE DOPPELSEITE

Delhi – Wohngebiete

2018

Knapp die Hälfte der Einwohner Delhis (Indien) lebt in Slums, in denen es keine Elektrizität, kein fließendes Wasser oder Abwassersysteme gibt. Die beiden Armenviertel Santosh Park und Uttam Nagar – zu sehen auf der vorherigen Doppelseite – sind die am dichtesten bebauten und besiedelten Bezirke der Stadt. Studien belegen, dass sich der Wohlstand einer Wohngegend nach der Anzahl ihrer Bäume und Grünflächen bemessen lässt. Eine Tendenz, die auch diesem Bild unschwer abzulesen ist.

28.614656°N, 77.057758°O

DIESE SEITE UND GEGENÜBER

Delhi – Wachstum

1989 / 2018

Delhi, das die indische Hauptstadt Neu-Delhi miteinschließt, ist eine der am schnellsten wachsenden Metropolen der Welt. Hier sieht man, wie aus Ackerflächen und Wiesen innerhalb von knapp 30 Jahren eine graue Betonwüste wurde. Da sich die Einwohnerzahl der Stadt zwischen 1991 und 2011 nahezu verdoppelte, dehnte sich auch ihre geografische Fläche entsprechend aus. Delhi ist heute die Heimat von rund 26,5 Millionen Menschen und wird, so die Prognose, 2030 mit knapp 39 Millionen Einwohnern die bevölkerungsreichste Stadt der Welt sein.

28.646677°N, 76.813073°O

VORHERIGE DOPPELSEITE

New York City

2016

Dieses aus einem flachen Winkel aufgenommene Satellitenbild zeigt die beliebteste Metropole der USA. Mit 8,4 Millionen Einwohnern, die auf einer Fläche von etwa 782 Quadratkilometern leben, hat New York City von allen Städten im Land die höchste urbane Dichte. Wie die Wolkenkratzer von Manhattan beispielhaft zeigen, wurde die Stadt vor allem in die Höhe gebaut. 2020 gab es in New York City insgesamt 7.000 Hochhäuser (ab 35 Meter Höhe) sowie 284 fertiggestellte Wolkenkratzer (ab 150 Meter Höhe).

40.761432°N, 73.979815°W

DIESE SEITE

Central Park

Herbst / Winter

Die Fläche des Central Park in New York City umfasst 341 Hektar, das entspricht 6 Prozent von ganz Manhattan. Hier sieht man im Verlauf der Jahreszeiten die Parkanlage, zu der mehrere Tennis- und Baseballplätze, eine Eisbahn sowie ein Schwimmbad zählen. Mit mehr als 38 Millionen Besuchern pro Jahr ist der Central Park der beliebteste Stadtpark in den USA. Als die Anlage geplant wurde, stellten die getrennten Wege für Fußgänger, Radfahrer, Reiter und Autofahrer eine bahnbrechende Neuerung dar.

40.782997°N, 73.966741°W

GEGENÜBER

Sheep Meadow

Frühling

Die Menschenmassen auf Sheep Meadow spiegeln einerseits die hohe urbane Dichte von New York wider, andererseits zeugen sie von der Popularität des Central Park. Im Frühling lockt die Rasenfläche im Westen des Parks unzählige Menschen an die frische Luft. Sheep Meadow erstreckt sich über 6 Hektar und zieht in der warmen Zeit des Jahres bis zu 30.000 Besucher pro Tag an.

40.770784°N, 73.977618°W

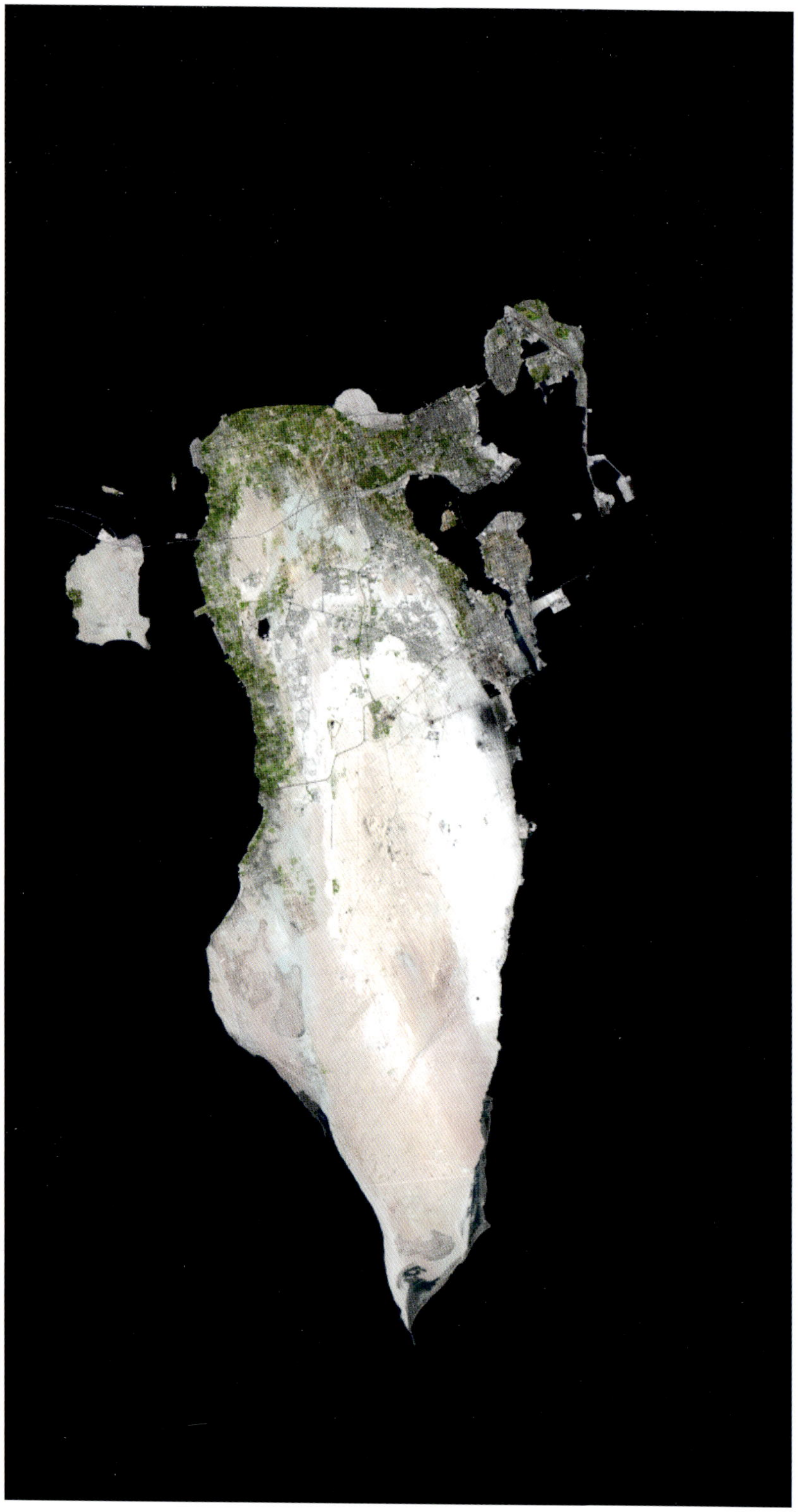

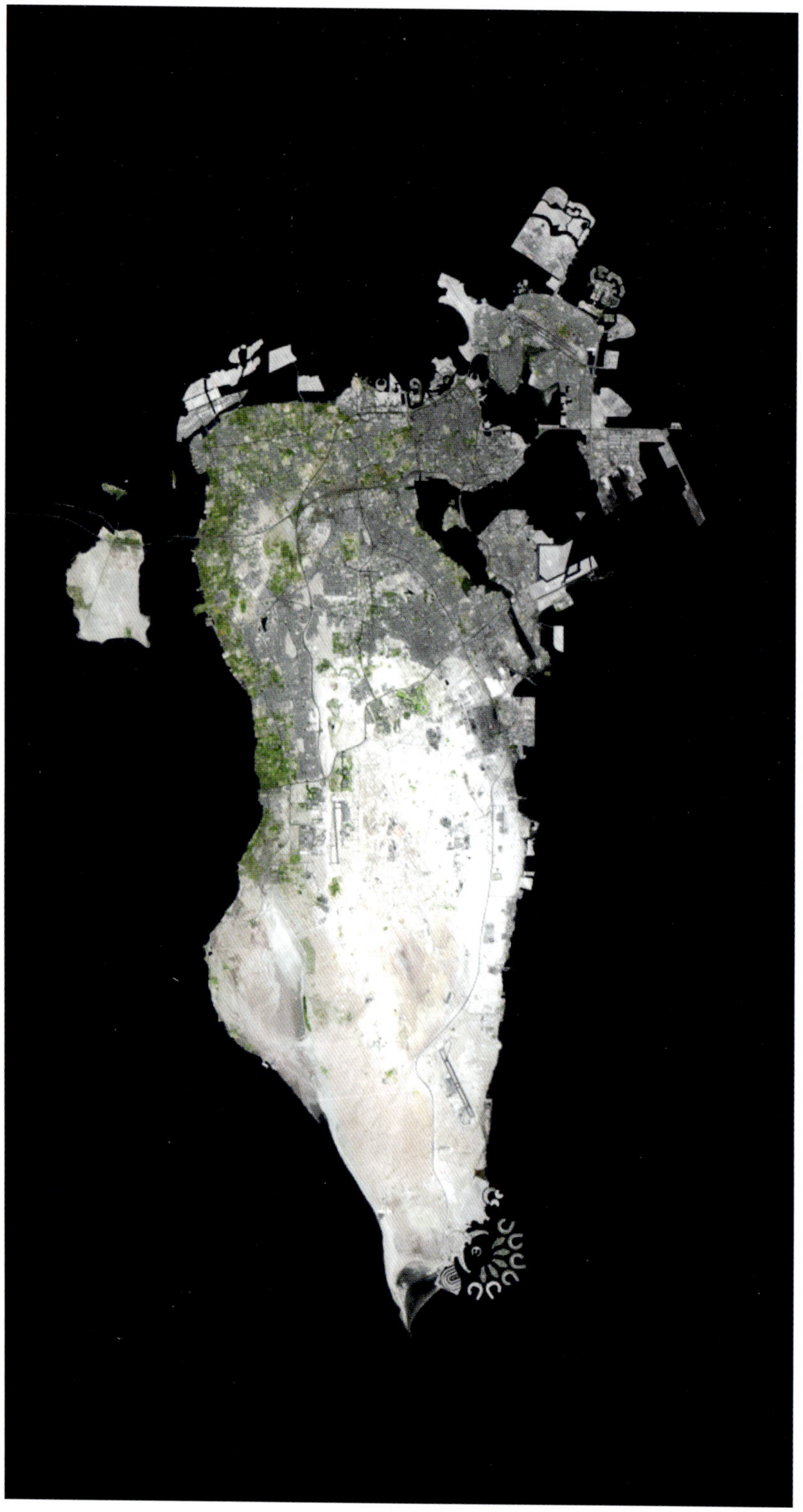

DIESE SEITE

Bahrain – Landgewinnung

1987 / 2018

Durch systematische Landgewinnung hat Bahrain sein Staatsgebiet während der letzten Jahrzehnte erheblich vergrößert. Bei diesem Verfahren werden Sand und Steine vom Meeresgrund abgetragen und an der Küste aufgeschüttet, um dort neuen Baugrund zu schaffen. Landgewinnung wird in Bahrain bereits seit Mitte der 1960er-Jahre betrieben, doch erst in den letzten Jahrzehnten hat sie drastische Züge angenommen: Die Landesfläche wurde inzwischen von rund 619 auf 777 Quadratkilometer erweitert.

26.100883°N, 50.514655°O

GEGENÜBER

Bahrain – Entwicklung von Land- und Wasserwegen

2019

Im Rahmen der Landgewinnung an der südlichen Spitze Bahrains entstanden neben dem künstlichen Archipel Durrat al-Bahrain mehrere Wasserstraßen, die privat sowie gewerblich genutzt werden sollen. Im Zentrum des Areals wird vermutlich ein Jachthafen für die Anwohner entstehen.

25.827300°N, 50.586704°O

DIESE SEITE

Nairobi – Wachstum

1986 / 2016

Nachdem Kenia im Jahr 1963 seine Unabhängigkeit von Großbritannien erlangt hatte, wuchs die Hauptstadt Nairobi rapide an. Während der letzten 50 Jahre stieg die Einwohnerzahl von rund einer halben Million auf mehr als 4,3 Millionen. Die beiden obigen Luftaufnahmen dokumentieren, wie stark sich das Stadtgebiet in 30 Jahren verändert hat. Dabei ist der Aufschwung Nairobis, wie in anderen afrikanischen Städten auch, vor allem auf die junge Generation zurückzuführen, die auf der Suche nach Arbeit vom Land in die Städte übersiedelt.

1.302861°S, 36.706965°O

GEGENÜBER

Kibera

2017

Hier sieht man einen Teil von Kibera, dem größten Slum von Nairobi und von ganz Afrika. Die Mehrheit der geschätzten einer Million Einwohner Kiberas lebt von weniger als einem Dollar pro Tag, also in extremer Armut. Zwar lässt sich die genaue Zahl kaum ermitteln, doch Schätzungen zufolge liegt die Bevölkerungsdichte von Kibera bei rund 300.000 Menschen pro Quadratkilometer.

1.315174°S, 36.794770°O

DIESE DOPPELSEITE

Venedig

2018

Die italienische Lagunenstadt Venedig umfasst insgesamt 118 kleine Inseln, die von Kanälen durchzogen und über Brücken miteinander verbunden sind. In dieser Luftaufnahme erkennt man den Canal Grande – eine 3,9 Kilometer lange und von rund 170 Häusern gesäumte Hauptwasserstraße der Stadt. In Venedig, wo Wasser eine zentrale Rolle spielt, spürt man schon jetzt die Folgen des steigenden Hochwassers und Meeresspiegels. Ein Leben am Wasser ist für die meisten Stadtbewohner völlig normal, denn schließlich liegen 90 Prozent aller Ballungsgebiete in unmittelbarer Nähe zu größeren Gewässern. Wie die Stadt Venedig das Problem angehen will, zeigen wir auf Seite 270 / 271.

45.435621°N, 12.328626°O

2014

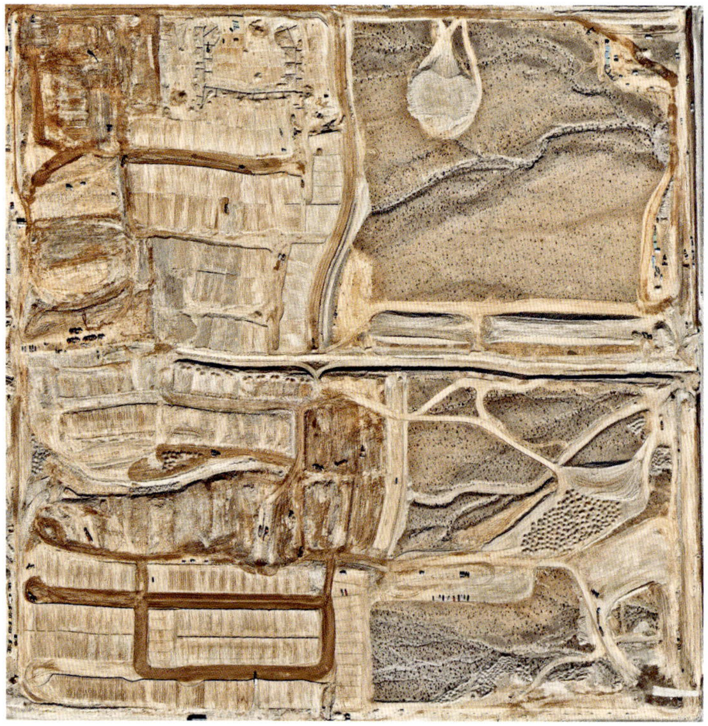

2015

2017

2018

VORHERIGE DOPPELSEITE

Las Vegas – Wachstum

1989 / 2019

Innerhalb von 30 Jahren hat sich die Einwohnerzahl im Ballungsgebiet Las Vegas (Nevada, USA) mehr als vervierfacht – von 710.000 auf mehr als 3 Millionen Einwohner. Unter anderem wegen dieses drastischen Anstiegs zählt Nevada seit einigen Jahrzehnten zu den am schnellsten wachsenden Bundesstaaten der USA. Wie man hier sehen kann, greifen die Straßen, Wohnhäuser und Gebäude der Stadt bereits auf die umliegende Wüste über.

36.124673°N, 115.455186°W

DIESE SEITE UND GEGENÜBER

Las Vegas – Siedlungsentwicklung

2014–2019

Teton Cliffs ist ein Wohnbauprojekt in dem sich ständig erweiternden nordwestlichen Teil von Las Vegas. Der Bau dieser Wohnsiedlung ist beispielhaft für die Zersiedelung der Stadt (zu sehen auf den vorherigen Seiten). Hier erkennt man, wie auf einem Flecken Wüste innerhalb von 5 Jahren eine großflächige Wohnanlage entsteht. Nach Abschluss der Bauarbeiten sollen dort insgesamt 155 Wohnhäuser stehen.

36.308952°N, 115.310174°W

1993

1998

2001

2006

VORHERIGE DOPPELSEITE

Playa del Carmen – Strandpromenade

2017

Das Luftbild zeigt die erhebliche Veränderung der Stadt Playa del Carmen (Mexiko), die an der Karibikküste auf der Halbinsel Yucatán liegt. Die Auswirkungen des Tourismus sind unverkennbar: An der Küste reihen sich etliche Golfanlagen, Hotels, Eigentumswohnungen und weitere Gebäudekomplexe aneinander.

20.653868°N, 87.106801°W

2009

2012

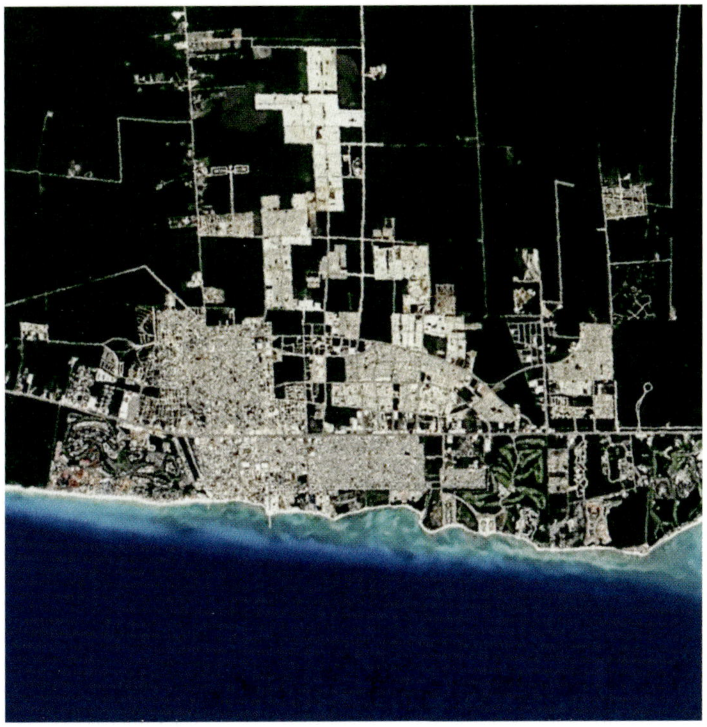

2015

2018

GEGENÜBER UND DIESE SEITE

Playa del Carmen – Wachstum

1993–2018

Um dem Zustrom an Touristen gerecht zu werden, machte der einstige mexikanische Fischerort Playa del Carmen in den letzten Jahren eine rasante Veränderung durch. Als beliebte Anlaufstelle von Kreuzfahrtschiffen, die an der Riviera Maya entlangfahren, baute die Stadt neue Luxuswohnungen, Restaurants, Boutiquen und Vergnügungsstätten. Laut Schätzungen der lokalen Behörden ist Playa del Carmen die am schnellsten wachsende Stadt in Mexiko; bis 2023 soll ihre Einwohnerzahl um 22 Prozent ansteigen.

20.653868°N, 87.106801°W

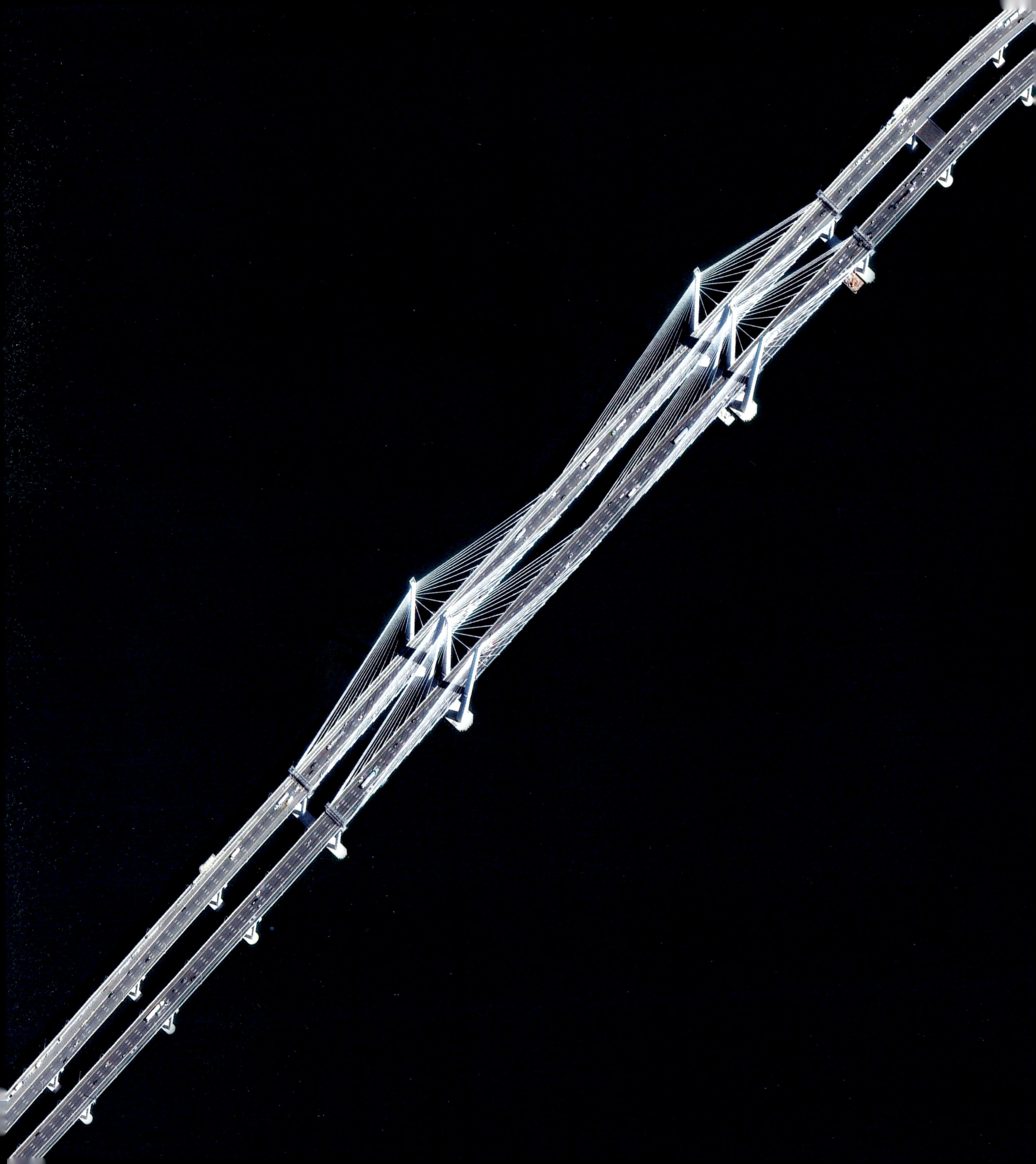

„Eine Reise von tausend Meilen beginnt mit einem einzigen Schritt.“

—Laotse

Transportwesen

Durch das anhaltende Bevölkerungswachstum erfuhren sowohl der Passagier- als auch der Frachtverkehr einen rasanten Aufschwung. Heute ist das Reisen so einfach wie nie zuvor, ob man nun Freunde, Verwandte oder Kollegen besuchen oder neue Orte und Kulturen kennenlernen möchte. Doch der Bedarf bzw. Wunsch nach Mobilität hat auch dazu geführt, dass sich die verkehrsbedingten Treibhausgasemissionen seit 1970 mehr als verdoppelten, wobei Straßenfahrzeuge für fast 80 Prozent dieses Anstiegs verantwortlich sind. In puncto Reisen gibt es keine Anzeichen für einen Abschwung, im Gegenteil: Mehr als 4 Milliarden Menschen flogen 2019 mit dem Flugzeug, und da Flugreisen immer erschwinglicher werden, wird sich diese Zahl in den nächsten 20 Jahren sogar noch verdoppeln. Gegenwärtig sind nur 10 Prozent der Weltbevölkerung für 80 Prozent des Passagierverkehrs verantwortlich, was nahelegt, dass in Industrieländern deutlich mehr gereist wird als in Entwicklungsländern. Da auch in Schwellenländern das Reisen – insbesondere mit dem Auto oder Flugzeug – allmählich zunimmt, wird die Umwelt künftig wohl noch stärker belastet werden.

Verkehrsknotenpunkte bilden die Grundvoraussetzung für sämtliche Arten des Personenverkehrs: Reiseverkehr, Handelsverkehr und Pendlerverkehr. Dieses Netzwerk muss gebaut, weiterentwickelt und instandgehalten werden. Wenn man das Treiben an Flughäfen, Bahnhöfen oder in Häfen betrachtet, realisiert man erst, wie viele Menschen tagtäglich unterwegs sind. Für dieses Kapitel haben wir ausgewählte Verkehrsknotenpunkte im Verlauf der Zeit festgehalten, um so einen Eindruck von diesem gewaltigen, niemals ruhenden Räderwerk zu vermitteln. Außerdem zeichnen wir den Seetransport eines Autos nach, um zu zeigen, wie effektiv Wasserverkehr und Landverkehr ineinandergreifen. Dank solcher Verkehrsnetze können Güter über Wasser, Land und auf dem Luftweg befördert werden. Sie vereinfachen den Transport und damit unseren Konsum, der uns im nächsten Kapitel beschäftigen wird.

Das Problem dabei ist, dass der Verkehrssektor nicht ohne fossile Brennstoffe auskommt – 95 Prozent dieser Branche sind für die Hälfte des weltweiten Erdölverbrauchs verantwortlich. Vor allem deshalb ist der Anteil des Verkehrssektors am CO2-Ausstoß so hoch (25 Prozent) und könnte sich wegen der steigenden Nachfrage bis 2035 sogar auf 50 Prozent erhöhen. Dem können wir entgegenwirken, indem wir weniger reisen, mehr öffentliche Verkehrsmittel nutzen, öfter zu Fuß gehen oder Rad fahren. Auch fortschrittlichere Technologien können ihren Teil zu einem nachhaltigen Transportwesen beitragen, etwa der flächendeckende Einsatz von Elektrofahrzeugen, alternative Mobilitätskonzepte oder leistungsfähigere Motoren. Für das Wachstum und den Fortschritt unserer Zivilisation ist das Transportwesen essenziell, doch wir müssen dafür Sorge tragen und es dahingehend weiterentwickeln, dass es unserem Planeten den geringstmöglichen Schaden zufügt.

GEGENÜBER

Tappan Zee Bridge

2019

Die Tappan Zee Bridge ist eine zweihüftige Schrägseilbrücke, die nördlich von New York City über den Hudson River führt. Damit die Brücke dem zunehmenden Pendlerverkehr weiter standhielt, begann man 2013 mit dem Bau eines neuen, tragfähigeren Ersatzbauwerks. Als dieses 2017 fertiggestellt war, wurde die alte und inzwischen stillgelegte Brücke abgerissen. Der Neubau verfügt über einen Fahrrad- und Fußweg und soll zu einem späteren Zeitpunkt um zusätzliche Gleise für Pendlerzüge erweitert werden. Tagtäglich fahren rund 140.000 Autos über die Tappan Zee Bridge.

41.071389°N, 73.891111°W

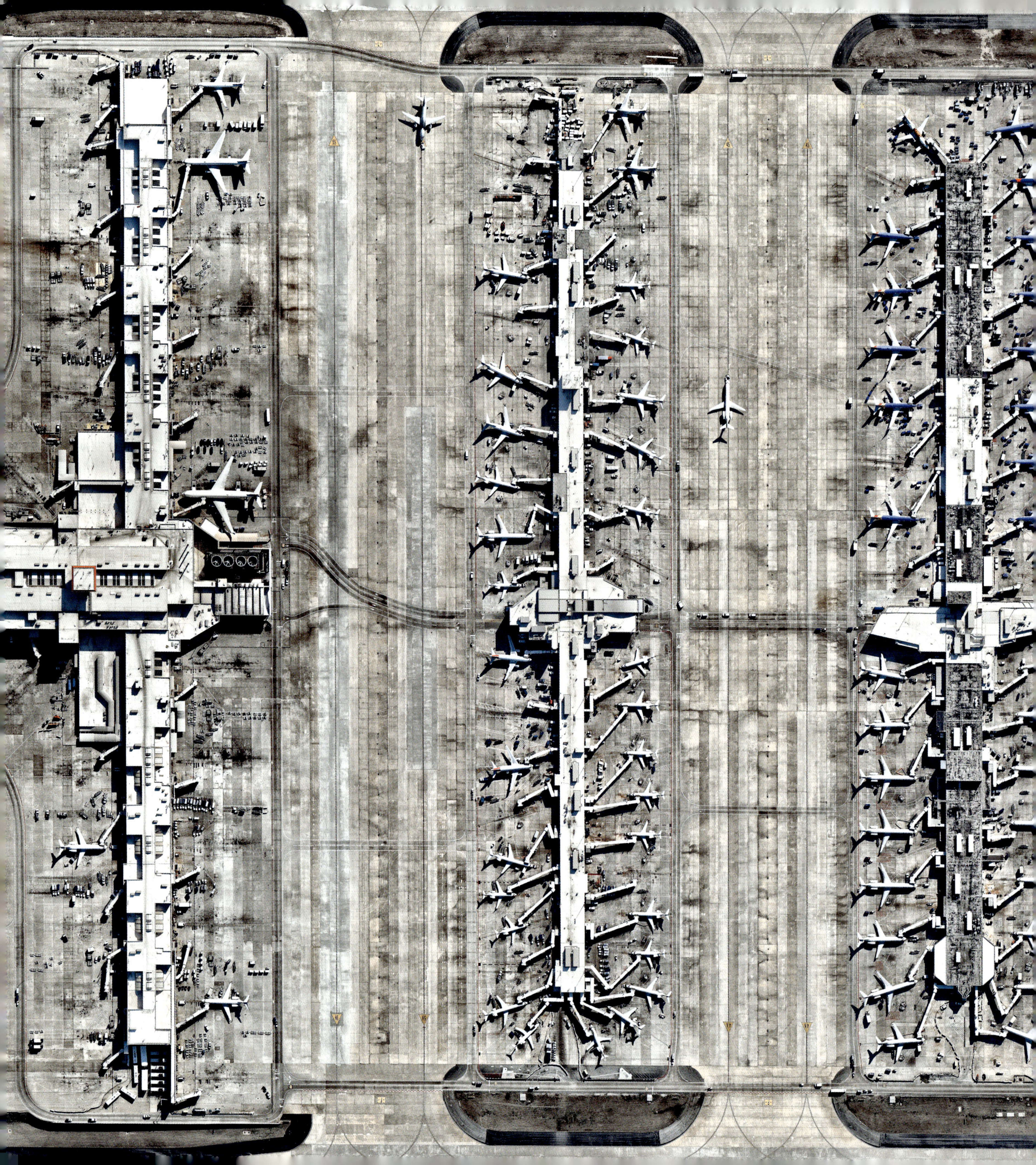

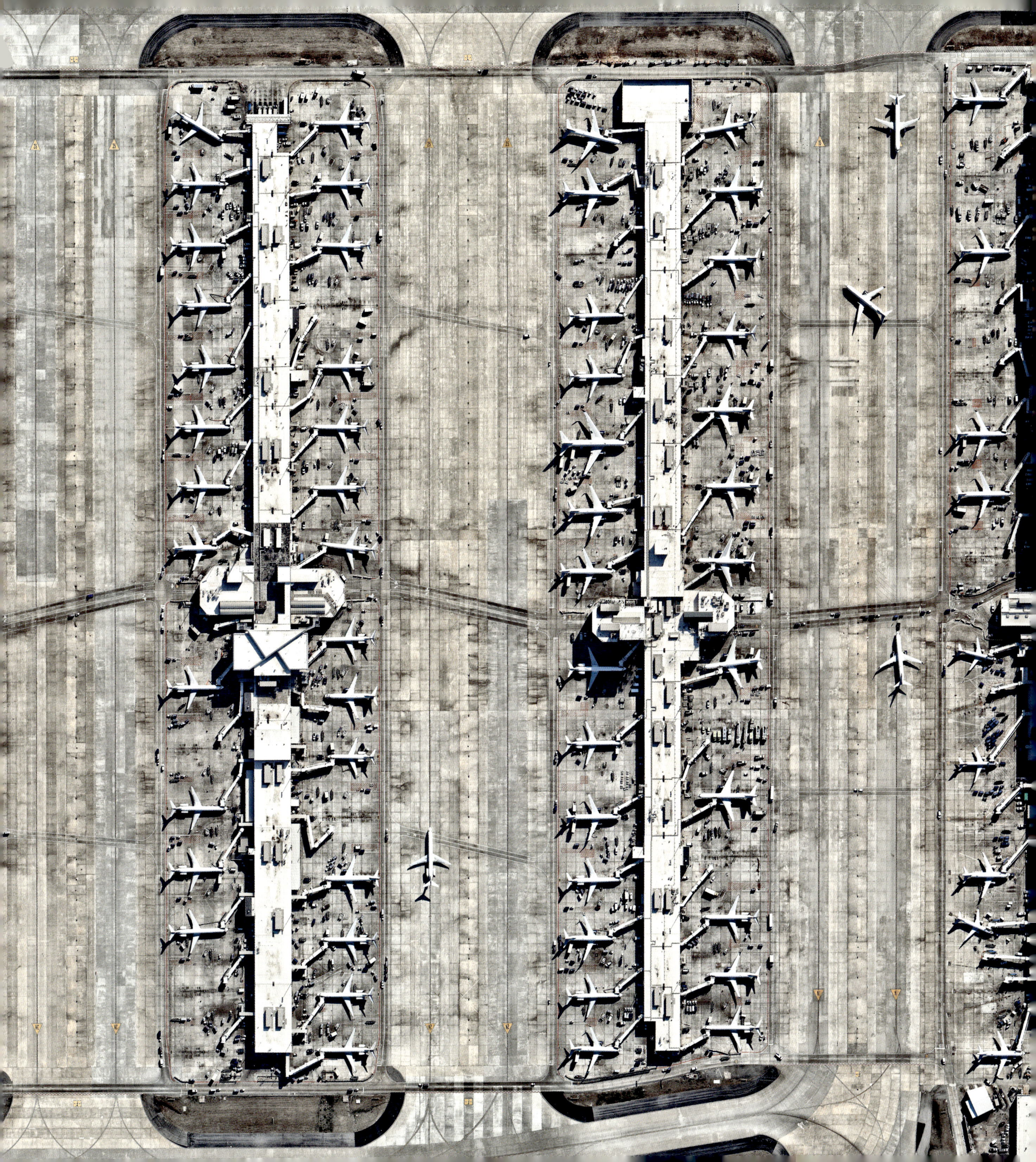

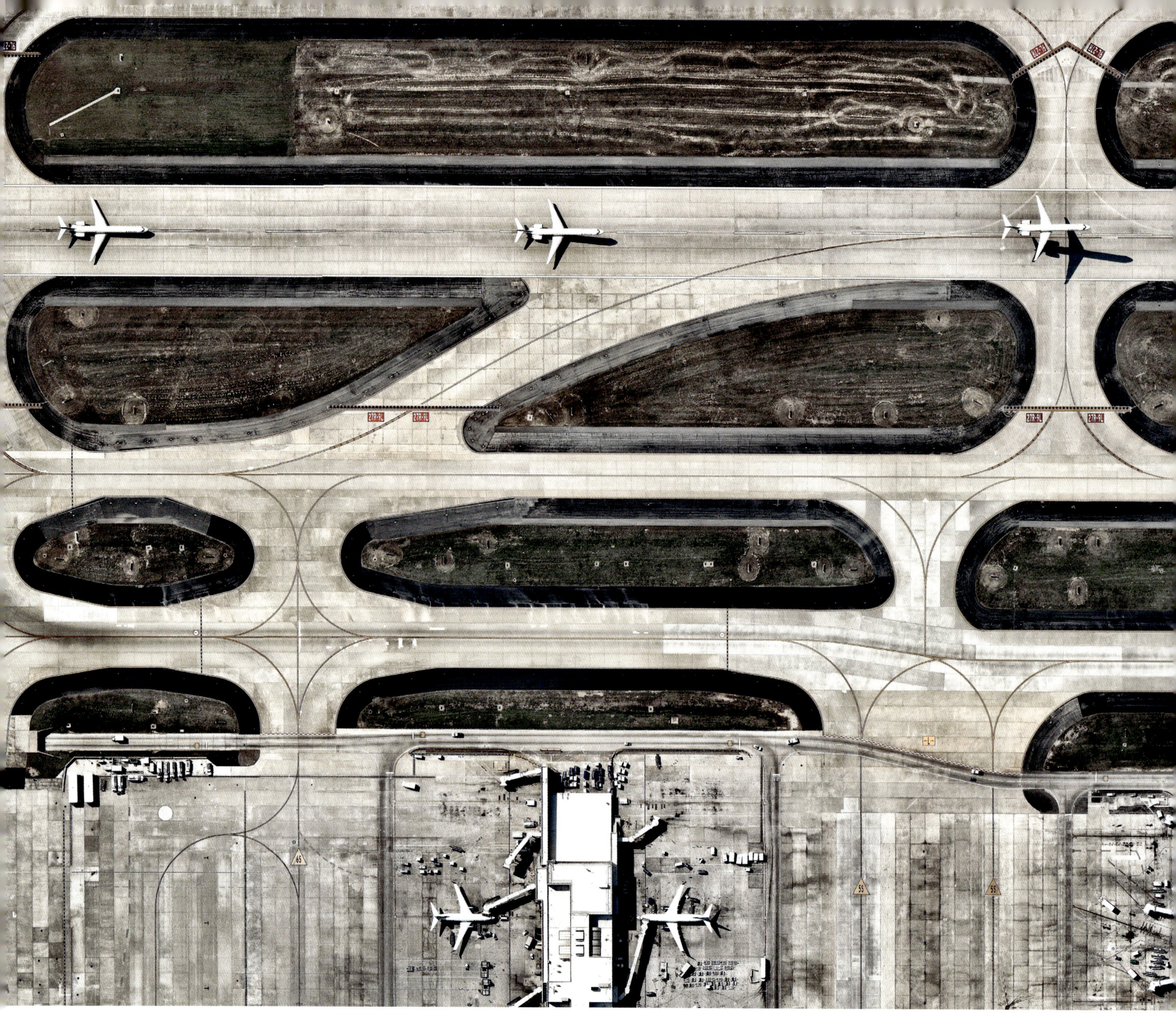

VORHERIGE DOPPELSEITE

Hartsfield-Jackson Atlanta International Airport (ATL)
2017

Der Hartsfield-Jackson Atlanta International Airport (Georgia, USA) ist seit 1998 der Flughafen mit dem höchsten Passagieraufkommen weltweit. Pro Jahr zählt er 107 Millionen Fluggäste, das sind 12.000 Fluggäste pro Stunde. 80 Prozent aller US-Bürger können den Airport in höchstens zwei Stunden Flugzeit erreichen, was ihn zu einem beliebten Drehkreuz für Langstreckenflüge nach Europa macht. Die 192 Gates und 7 Terminals sind über einen unterirdischen *Plane Train* verbunden – einen knapp 5 Kilometer langen Peoplemover, der täglich 200.000 Menschen befördert.

33.640333°N, 84.435139°W

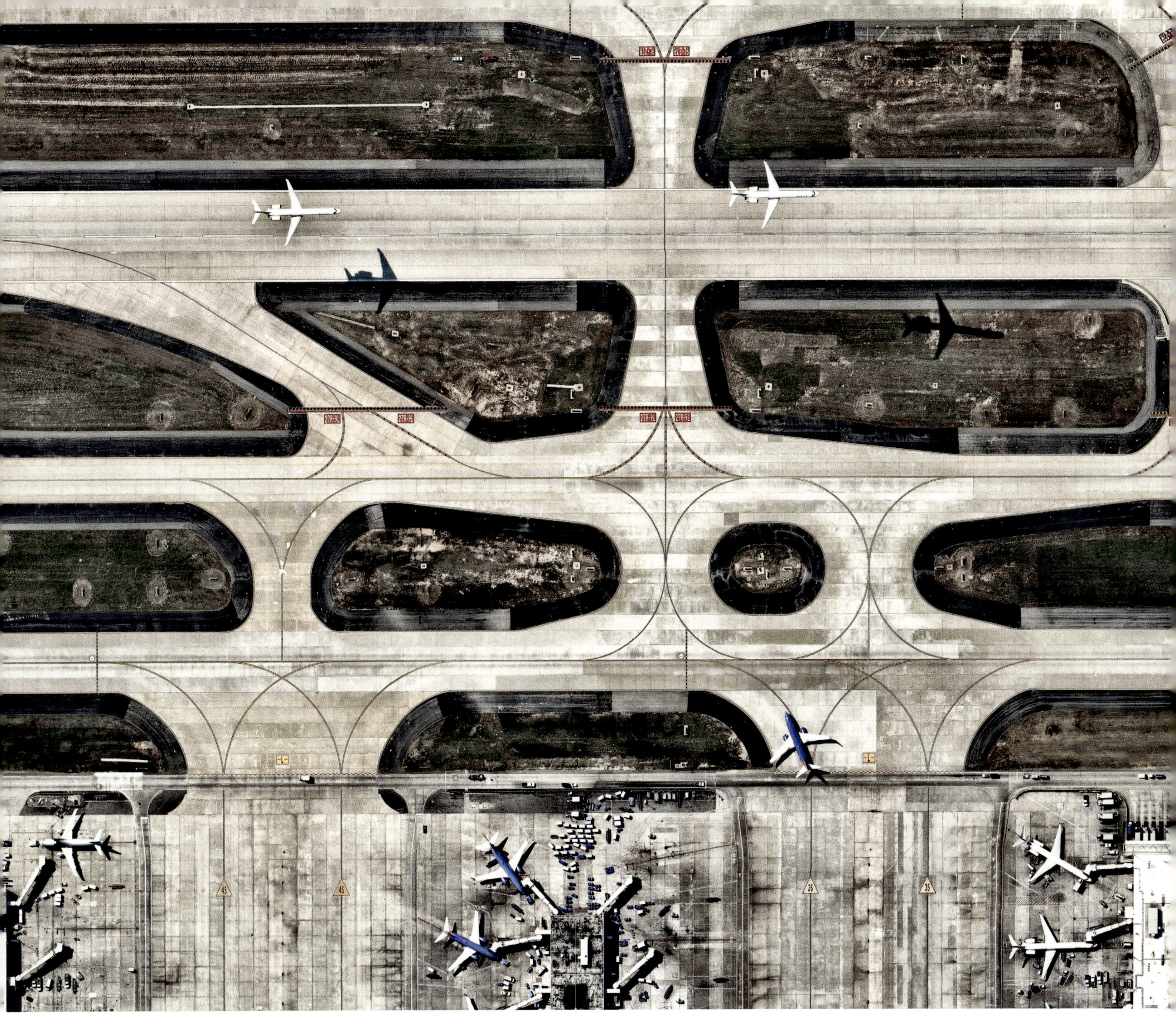

DIESE DOPPELSEITE

Hartsfield-Jackson – Start- und Landebahnen
2016

Mittels Mehrfachbelichtung wurde hier der Start einer Maschine vom ATL festgehalten. Auf insgesamt fünf Start- und Landebahnen verkehren hier täglich rund 2.700 Flüge. Der meiste Kraftstoff wird dabei während des Starts und Steigflugs verbraucht, denn dann arbeitet der Motor auf Hochtouren, um den Luftwiderstand zu überwinden und die Reiseflughöhe zu erreichen. Befindet sich das Flugzeug erst einmal in der Luft, ist der Energieverbrauch – unabhängig von der Flugdauer – deutlich geringer, weshalb Kurzstreckenflüge verhältnismäßig besonders ineffizient sind.

33.635206°N, 84.431762°W

2012

2015

2016

2018

DIESE SEITE UND GEGENÜBER

Internationaler Flughafen Peking-Daxing (PKX)

2012–2020

Im Pekinger Stadtbezirk Daxing, wo einst Ackerflächen und kleine Ortschaften lagen, entstand binnen 7 Jahren der internationale Flughafen Peking-Daxing. Der neue, 2019 fertiggestellte Komplex verfügt über den weltweit größten Terminal mit einer Gesamtfläche von 1 Million Quadratmeter. Ausgestattet mit einer zentralen Halle und sechs davon abgehenden Armen kann der Flughafen pro Jahr rund 70 Millionen Fluggäste sowie 620.000 Flüge abfertigen.

39.509167°N, 116.410556°O

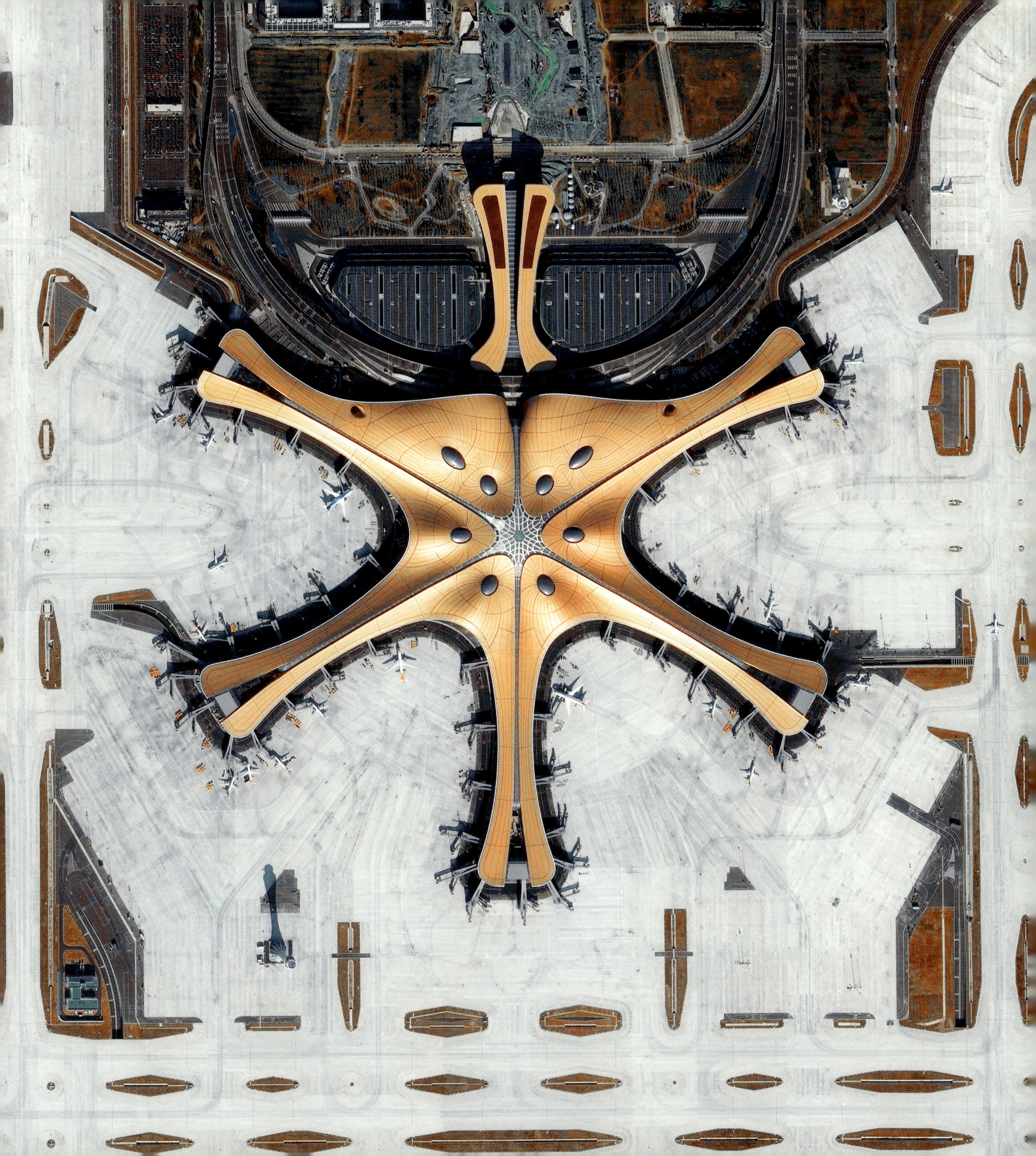

DIESE SEITE UND GEGENÜBER

Flugverbot für die *Boeing 737 Max*
2019

Im Boeing-Werk in Seattle (USA) stehen 40 Jets vom Typ *737 Max*. Innerhalb von sechs Monaten hatten zwei schwere, durch eine fehlerhafte Software verursachte Flugzeugabstürze dazu geführt, dass man dieses Boeing-Modell im März 2019 aus dem Verkehr zog. Ab 2011 hatte der Konzern unter Hochdruck an der Entwicklung der *737 Max*, einer Neuauflage der *Boeing 737*, gearbeitet, um seinen Rivalen Airbus auszustechen. Dabei wurden jedoch Sicherheitsrisiken übersehen und die Piloten nicht ausreichend geschult. Zum Zeitpunkt der Abstürze hatte Boeing bereits über 400 Flugzeuge gefertigt. Bis zu ihrer Wiederzulassung für den Flugverkehr mussten diese vorerst am Boden bleiben.

47.539025°N, 122.314226°W

SunExpress
AIR CANADA
UNITED
SunExpress
AIR CANADA
TURKISH AIRLINES

Deutsche Autos unterwegs nach Singapur

DIESE SEITE

Volkswagenwerk Wolfsburg

Tag 1

Das Volkswagenwerk Wolfsburg ist die größte Automobilfabrik der Welt. Jedes Jahr rollen dort rund 800.000 Autos vom Band, also ein Gutteil der insgesamt 10 Millionen Pkw, die Volkswagen jährlich ausliefert. Beladen mit rund 3.200 Fahrzeugen verlassen täglich bis zu 180 doppelstöckige Transportzüge und etwa 185 Lastwagen das Werk. Gleichzeitig beliefern rund 100 Transportzüge und 2.000 Lkw das Werk mit Rohstoffen. Der Standort in Wolfsburg ist außerdem der Hauptsitz des Autobauers.

52.433800°N, 10.779600°O

GEGENÜBER

Bremerhaven – Hafen

Tag 6

Nirgendwo auf der Welt werden so viele Autos umgeschlagen wie in den Häfen von Bremerhaven: Mehr als 2 Millionen Autos passieren Jahr für Jahr die Anlagen. Die Stellfläche des Terminals bietet 120.000 Plätze für Pkw, 45.000 davon überdacht. Von den unterschiedlichen Produktionsstätten in Deutschland werden die Autos per Zug nach Bremerhaven transportiert, wo sie gegebenenfalls noch bearbeitet und dann auf einen Autotransporter, wie etwa das rote Schiff im rechten Bild, geladen werden. Ein solcher Frachter ist etwa 192 Meter lang und kann zwischen 6.000 und 9.000 Pkw befördern.

53.550000°N, 8.583333°O

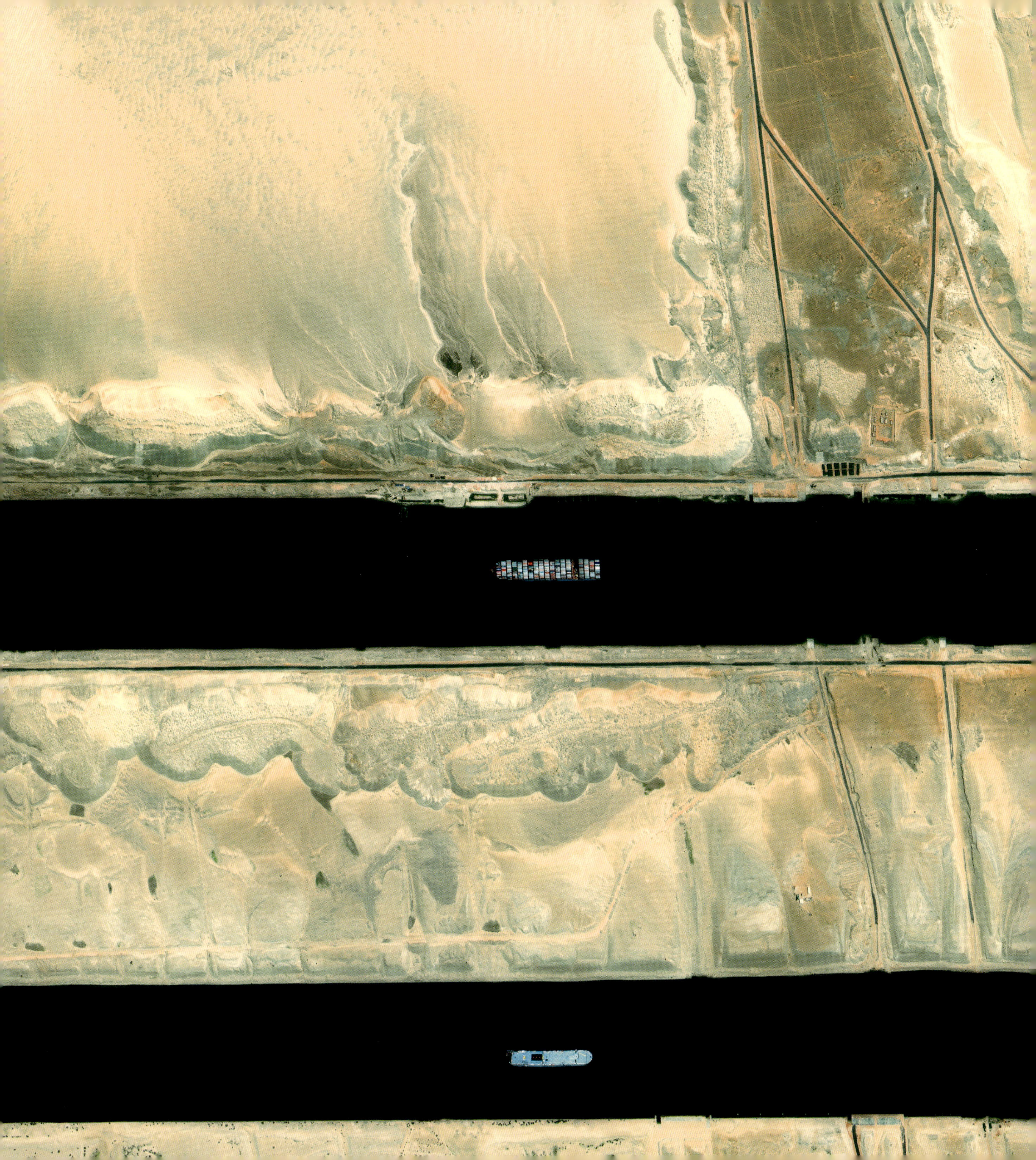

VORHERIGE DOPPELSEITE

Sueskanal

Tag 21

Auf ihrem Weg von Bremerhaven nach Asien fahren Autotransporter, wie der hellblaue unten rechts in diesem Satellitenbild, durch den Sueskanal in Ägypten. Die heute 193 Kilometer lange Wasserstraße verbindet seit 1869 das Mittelmeer mit dem Roten Meer. Jedes Jahr passieren rund 18.000 Schiffe den Kanal. Insgesamt dauerten die Arbeiten an dem Kanal 10 Jahre, wobei allein für den Erdaushub über 1,5 Millionen Arbeitskräfte eingesetzt wurden. Um die Durchfahrtszeit zu verkürzen, begann die ägyptische Regierung 2014 mit dem Bau eines Erweiterungskanals im Ballah-By-Pass. Die Kapazität des Kanals hat sich durch den Ausbau annähernd verdoppelt und beträgt nun 97 statt zuvor 49 Schiffe pro Tag.

30.565472°N, 31.886110°O

DIESE DOPPELSEITE

Singapur – Hafen

Tag 42

Nach ihrer Ankunft im Hafen von Singapur werden die Autotransporter zunächst entladen (oben links). Zu der wichtigsten Verkehrsdrehscheibe der Region zählt unter anderem ein Autoterminal, der rund eine Million Kraftfahrzeuge pro Jahr befördert. Auf den Straßen des Stadtstaates Singapur fahren insgesamt etwa 600.000 Pkw; im Jahr 2018 verbat die Regierung allerdings zeitweise den Neuerwerb von Privatwagen, um so die Verkehrsdichte zu verringern und die Menschen zu motivieren, auf öffentliche Transportmittel umzusteigen.

1.264000°N, 103.840000°O

DIESE DOPPELSEITE

Lkw am Hafen von Los Angeles

2019

Mehrere Langstrecken-Lastwagen warten vor einem Containerterminal am Hafen von Los Angeles (Kalifornien, USA). Auf Trucks wie diesen werden knapp 70 Prozent der gesamten Fracht in den USA befördert, und obwohl sie nur 4 Prozent aller Fahrzeuge stellen, verbrauchen sie ganze 25 Prozent der gesamten Kraftstoffmenge. Schätzungsweise 3,5 Millionen Fernfahrer legen jährlich ungefähr 225 Milliarden Kilometer auf amerikanischen Highways zurück. Denn Güter werden zwar über weite Strecken per Zug oder Schiff transportiert, doch wie dieses Bild zeigt, beginnt und endet ihre Reise stets auf einem Lastwagen.

33.730003°N, 118.240100°W

DIESE SEITE UND GEGENÜBER

Holland Tunnel – Verkehrslage

Mittagszeit / Rush Hour

Der 1927 eröffnete Holland Tunnel ist einer von zwei Straßentunneln, die in den New Yorker Stadtteil Manhattan führen. Er verbindet Manhattan mit dem Staat New Jersey und wird jährlich von rund 15 Millionen Pendlern passiert. Der Holland Tunnel ist eines der ältesten Beispiele für eine Tunnelventilation, die den verkehrsbedingten CO2-Ausstoß reguliert. Alle 90 Sekunden werden die Abgase aus dem Tunnel abgeleitet und durch Frischluft ersetzt.

40.724805°N, 74.007230°W

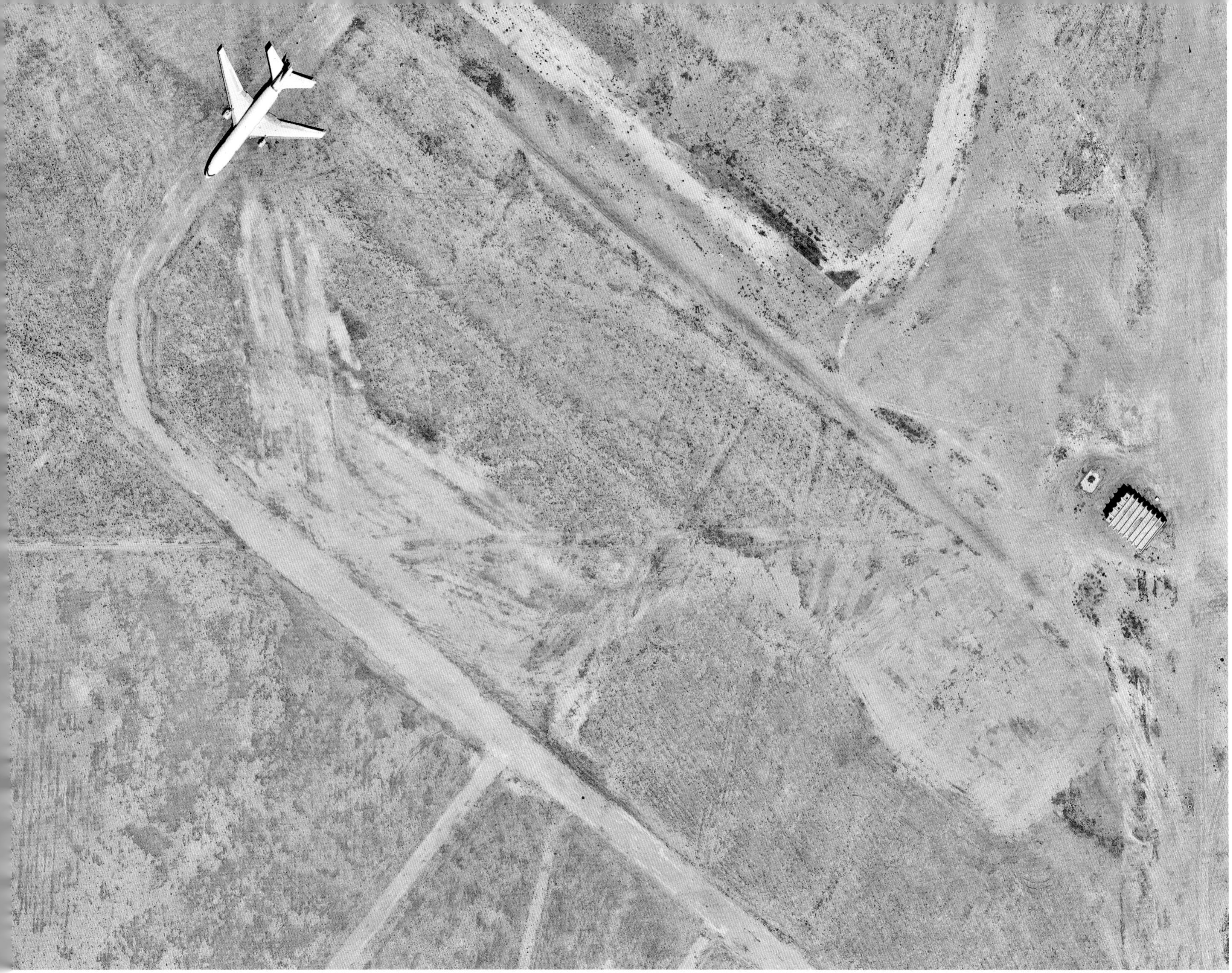

VORHERIGE DOPPELSEITE

Katar – Autobahn-Erweiterung

2014 / 2019

Der Ausbau dieses kleeblattförmigen Autobahnkreuzes vor Doha, der Hauptstadt von Katar, nahm 5 Jahre in Anspruch. Nachdem die Stadt während der letzten 20 Jahre ein massives Wachstum erlebt hatte, musste sie ihr Verkehrsnetz ausbauen, um eine Überlastung der Straßen zu verhindern. Die Anzahl der Fahrspuren dieses Knotenpunktes wird sich von drei auf fünf erhöhen, sodass er künftig von bis zu 20.000 Fahrzeugen pro Stunde passiert werden kann.

25.174689°N, 51.326337°O

DIESE SEITE UND GEGENÜBER

Parkplätze für VW Diesel

2016 / 2017

Auf einem Frachtflughafen in Victorville (Kalifornien, USA) parken Tausende Dieselfahrzeuge von Volkswagen. Die Fläche, die normalerweise als Friedhof für ausrangierte Flugzeuge dient, wurde von dem Konzern angemietet, um dort 21.000 Fahrzeuge abzustellen. Im Zuge des sogenannten Abgasskandals von 2015 hatte Volkswagen angeboten, die betroffenen Dieselfahrzeuge zurückzukaufen. Sie waren so programmiert, dass sich ihre Abgasreinigungsanlage nur im Prüfstandmodus, nicht aber während des Normalbetriebes einschaltete. Aufgrund dieser Abschalteinrichtung stießen sie bis zu 40-mal so viel Stickoxid (eines der schädlichsten Treibhausgase) aus, wie laut Prüfstand erlaubt war. Mehr als 350.000 der insgesamt 500.000 Fahrzeuge wurden von ihren Käufern zurückgegeben. Bis sie repariert oder exportbereit sind, werden die zurückgekauften Autos an Orten wie diesem zwischengelagert.

34.597500°N, 117.383056°W

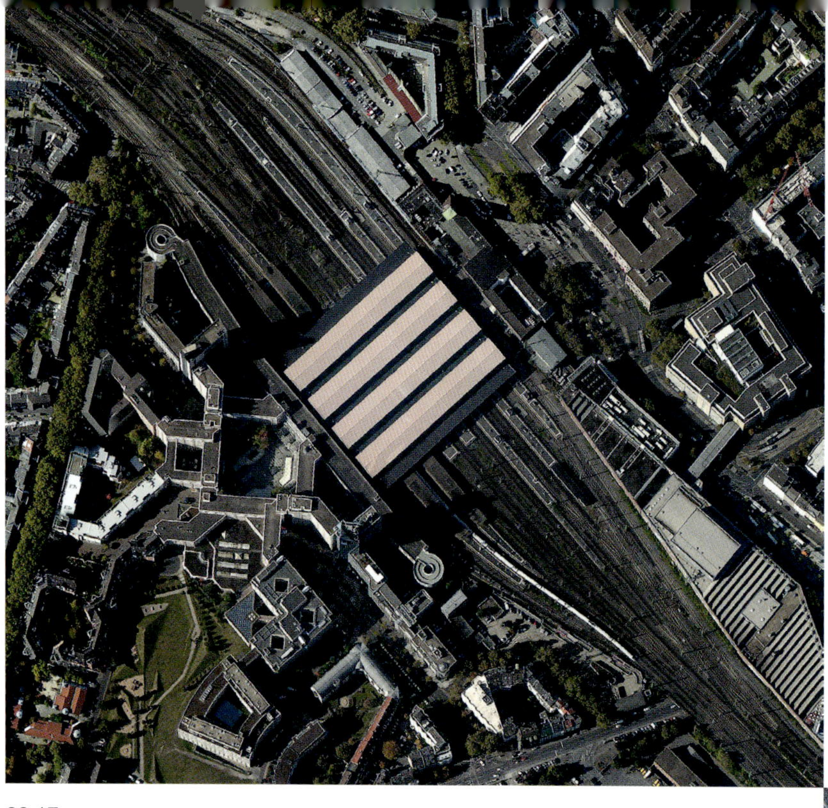

08:17

08:42

GEGENÜBER UND DIESE SEITE

Fahrtverlauf des *Thalys 9424*

8:17 – Düsseldorf / 8:42 – Köln / 9:46 – Lüttich-Guillemins / 12:08 – Paris, Gare du Nord

Die Hochgeschwindigkeitszüge von Thalys verkehren in Frankreich, Belgien, Deutschland und den Niederlanden. Zwischen dem Düsseldorfer Hauptbahnhof und dem Pariser Gare du Nord werden teils spezielle Hochgeschwindigkeitsstrecken mit Elektroantrieb, teils noch gewöhnliche Bahngleise genutzt. Solche Zugverbindungen tragen dazu bei, die Nachfrage an Kurzstreckenflügen und auch den Autoverkehr zwischen den betreffenden Städten zu reduzieren.

Auf der Schiene kann eine große Anzahl an Passagieren ebenso wie an Gütern befördert werden; zudem ist der Eisenbahnverkehr vergleichsweise energieeffizient, erst recht, wenn Züge mit Elektroantrieb eingesetzt werden. Allerdings sollte erwähnt sein, dass Elektrozüge zwar selbst keinen Kohlenstoff ausstoßen, bei der dafür notwendigen Stromerzeugung wird aber ebenfalls CO2 freigesetzt. Außerdem sind immer noch unzählige Dieseltriebzüge unterwegs, wobei sich die Energieeffizienz der Diesellokomotiven in den letzten 25 Jahren aber immerhin um 85 Prozent erhöht hat. Die Bilanz ist daher eindeutig: Im Vergleich zu Privatfahrzeugen mit je nur einem Insassen produzieren Schienenfahrzeuge 60 bis 75 Prozent weniger Treibhausgasemissionen pro Passagierkilometer. Als Verkehrsmittel ist die Bahn vielleicht nicht ganz so komfortabel wie der eigene Pkw, aber – aufgrund der höheren Auslastung – deutlich effizienter.

51.219827°N, 6.794479°O
50.943924°N, 6.959049°O
50.624433°N, 5.566708°O
48.880948°N, 2.353119°O

09:46

12:08

DIESE SEITE

PortMiami

Samstag / Sonntag / Donnerstag

Der Seehafen PortMiami (Florida, USA) gilt als internationale Kreuzfahrt-Hauptstadt. Jedes Jahr wird er von über 5,5 Millionen Passagieren genutzt, was ihn zum größten Passagierhafen der Welt macht. Die Anzahl der Kreuzfahrtpassagiere weltweit beläuft sich jährlich auf mehr als 25 Millionen.

25.778053°N, 80.175367°W

GEGENÜBER

Navigator of the Seas

Mai 2019

Die *Navigator of the Seas* war von ihrer Jungfernreise im Jahr 2002 3 Jahre lang das größte Kreuzfahrtschiff der Welt. Um die steigende Nachfrage an Kreuzfahrten zu bedienen, bauen Reedereien inzwischen jedoch immer mehr Schiffe mit noch höherer Passagierkapazität, sodass es heute bereits zwölf größere Schiffe gibt. Die *Navigator of the Seas* ist auf 4.000 Passagiere und 1.200 Crewmitglieder ausgelegt und bietet ihren Gästen verschiedene Freizeitmöglichkeiten: einen Surf-Simulator, einen Basketballplatz, mehrere Pools sowie ein Open-Air-Kino. Im Verlauf eines Tages stößt ein Kreuzfahrtschiff dieses Kalibers genauso viel Feinstaub aus wie eine Million Autos im Leerlauf.

25.778951°N, 80.170621°W

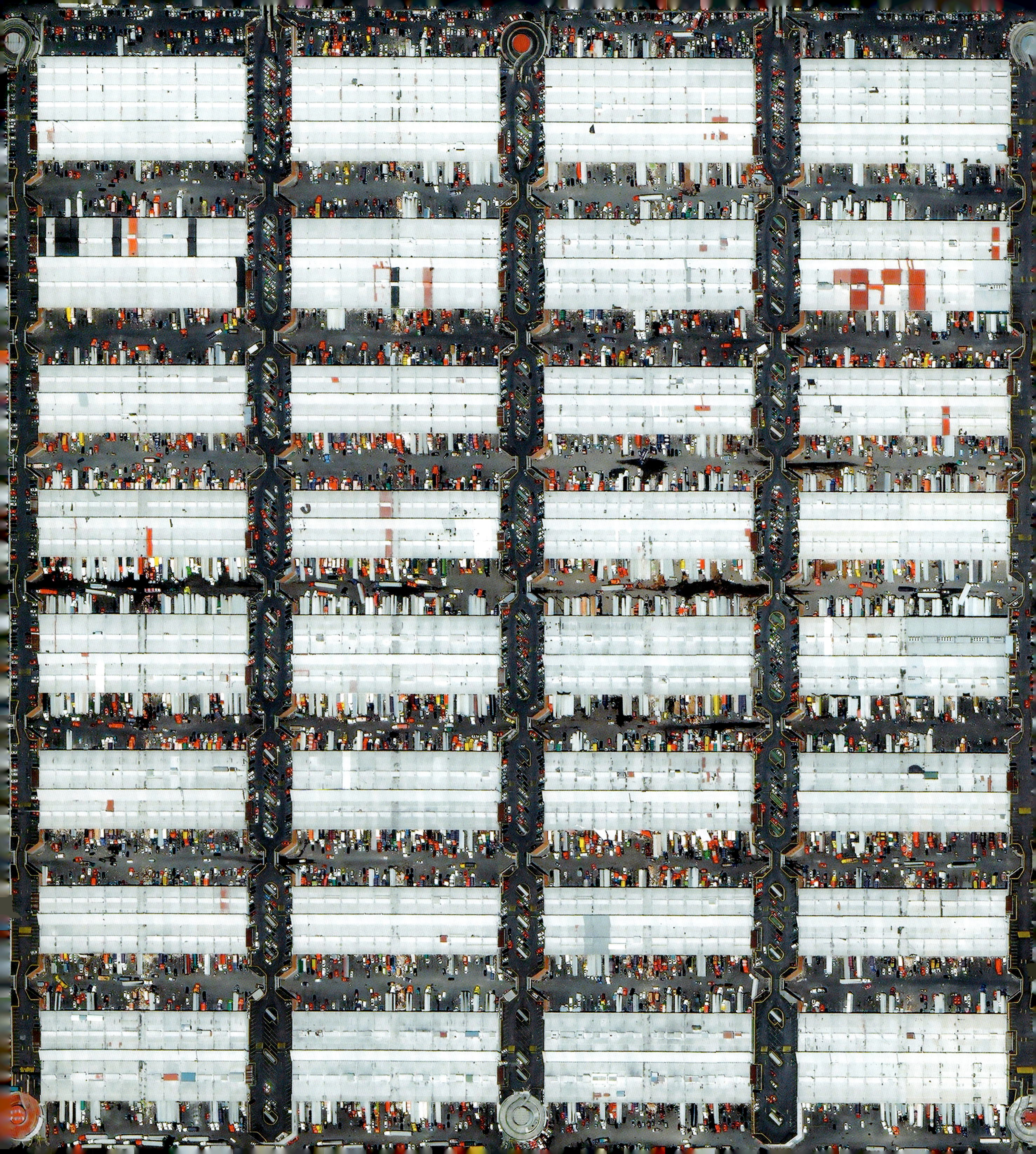

„Eines der ehernen Gesetze der Geschichte lautet, dass ein Luxus schnell zur Notwendigkeit wird und neue Zwänge schafft."

—Yuval Noah Harari

Konsum

Als moderne Zivilisationsgesellschaft wünschen wir uns Lebensmittel, Freizeitaktivitäten und Produkte, die unser Leben möglichst angenehm machen. Unsere Essgewohnheiten, unsere tägliche Routine und unsere Lebensweise mögen sich zwar grundlegend unterscheiden, doch wir alle müssen konsumieren, um zu überleben. Auch ohne Elektrizität zum Beispiel wäre unser Alltag kaum denkbar. Sie ist ein Grundpfeiler des modernen Lebensstils und inzwischen so selbstverständlich, dass schon ein kurzer Stromausfall als erwähnenswertes Ereignis gilt. Unser Konsumverhalten entwickelt sich stets weiter und schlägt sich in unterschiedlichen Lebensbereichen, im Beruflichen wie im Privaten, nieder. Wenn wir künftig mehr im Einklang mit der Erde leben möchten, dann ist es an uns, jede einzelne unserer Handlungen zu überdenken.

Dank unserer Verkehrsnetze können wir, innerhalb oder außerhalb unserer Stadt, mühelos längere Strecken zurücklegen, um ein Event zu besuchen, um in den Urlaub zu fahren oder uns zu amüsieren. Das gleiche logistische System beliefert uns mit allem, was wir zum Leben benötigen. Dieser leichte Zugriff auf Waren befeuerte – in Kombination mit der fortschreitenden Digitalisierung – das durchschnittliche Kauf- und Konsumverhalten der Menschen. Hinzu kommt, dass Produkte und Lebensmittel kaum noch vom Erzeuger an den Endkunden verkauft werden, weshalb wir immer weniger über ihre Herstellung und Herkunft wissen. Auch wenn sich seit Kurzem ein Trend zum umweltbewussten Handeln abzeichnet, sind uns neue Technologien und Waren von überall auf der Welt (und der sofortige Konsum derselben) offenbar wichtiger als eine nachhaltige Lebensweise. Die jahrelange Nutzung von Produkten aus Einwegplastik hat beispielsweise zur Folge, dass unser Planet nun buchstäblich von diesem beständigen Werkstoff überschwemmt wird. Obwohl der Kunststoffboom erst in den 1950er-Jahren begann, wurden bis 2020 rund 7,8 Milliarden Tonnen Plastik auf der Erde produziert – das entspricht etwa einer Tonne pro Kopf.

Viele von den Materialien, die wir verbrauchen, bauen sich, wie etwa Plastik, nicht einfach ab oder verrotten, sondern landen auf dem Müll – er ist der sichtbare Beweis für unseren Konsum. Es handelt sich um ausrangierte Materialien von Dingen, die uns mal gehörten, aber nicht länger von Nutzen sind. Wir schicken sie erneut in die Welt hinaus – damit sie recycelt, vergraben, verbrannt oder weitertransportiert werden. Wirklich wiederverwertet werden nur 10 Prozent der als recycelbar geltenden Waren. Unser Wachstum und unsere Wirtschaftsleistung bemessen wir nach dem BIP (Bruttoinlandsprodukt), das im Grunde nichts anderes als den Konsum neuer Waren zusammenrechnet. Vielleicht sollte man in dieser Hinsicht aber auch berücksichtigen, wie gut wir darin sind, alte Dinge wiederaufzubereiten. Doch bevor wir uns der Zukunft zuwenden, sollten wir erst einmal betrachten, was wir bereits konsumiert haben, und mit welchem Effekt. Die Ressourcen unseres Planeten sind nicht unerschöpflich. Und wir müssen einsehen, dass wir durch unser Konsumverhalten, etwa unseren Energieverbrauch, der Erde oft mehr wegnehmen, als wir ihr jemals zurückgeben können.

GEGENÜBER

Central de Abasto
2017

Tausende Lastwagen und Autos drängen sich um den Central de Abasto, die gewaltigste Großmarkthalle von Mexiko-Stadt. Jeden Tag versorgt der Markt mehr als 300.000 Menschen mit Lebensmitteln und anderen Waren. Insgesamt werden dort täglich über 30.000 Tonnen Güter umgeschlagen – das entspricht etwa 80 Prozent der gesamten in Mexiko-Stadt konsumierten Nahrungsmittel.

19.373908°N, 99.088439°W

VORHERIGE DOPPELSEITE

Die Lichter von Paris

Tag / Nacht

In den 1860er-Jahren nahm Paris 56.000 Gaslaternen in Betrieb; seither trägt sie den Beinamen „Stadt der Lichter". Inzwischen bezieht die französische Hauptstadt die Hälfte ihrer Energie (unter anderem zur Straßenbeleuchtung) aus nahe gelegenen Heizkraftwerken, die gleichzeitig Strom und Wärme erzeugen (Kraft-Wärme-Kopplung). 35 Prozent werden dabei allein durch das Kernkraftwerk Nogent bereitgestellt. In ganz Frankreich liefert die Atomkraft sogar 75 Prozent des benötigten Stroms. Der restliche Anteil von Paris' Energiebedarf wird in Müllverbrennungsanlagen (9 Prozent) oder mithilfe von Methangas (5 Prozent) erzeugt. Lediglich 0,1 Prozent ihres Stroms bezieht die Stadt mit 2,1 Millionen Einwohnern aus Solarenergie und Windkraft.

48.858521°N, 2.067562°O

DIESE SEITE UND GEGENÜBER

Esplanade Reserve / Elizabeth Quay – Neugestaltung

2009 / 2015 / 2018

Der Elizabeth Quay in Perth in Western Australia (Australien) ist ein öffentliches Erholungsgebiet mit gemischter Nutzung. Auf dem Areal der ehemaligen Esplanade Reserve (oben links, aufgenommen am Australia Day, 26. Januar 2009) befindet sich heute unter anderem ein künstliches Hafenbecken und die neu erbaute Queen Elizabeth Bridge (gegenüber, unten im Bild). Die Kosten für das Projekt belaufen sich Schätzungen zufolge auf etwa 440 Millionen Dollar. In den ersten Jahren nach der Eröffnung kam es in der Bucht immer wieder zu Problemen mit der Wasserzirkulation und infolgedessen zu Ansammlungen von Fäkalbakterien, sodass der Wasserpark zeitweise für zehn Monate geschlossen war und die Schwimmstrecke des örtlichen Triathlons abgesagt werden musste.

31.957638°S, 115.856551°O

CHIEFS
CHIEFS

CHIEFS
CHIEFS

VORHERIGE DOPPELSEITE

Arrowhead Stadium

Mittwoch / Sonntag

Die meisten Spiele der National Football League (NFL) finden sonntags statt. Das Arrowhead Stadium (Missouri, USA), die Spielstätte der Kansas City Chiefs, die zuletzt den Super Bowl gewannen, wird werktags zum Beispiel kaum genutzt. Zu einem Heimspiel am Sonntag kommen hingegen mehr als 76.000 Fans in das Stadion. Pro Saison erwirtschaftet die Profiliga des American Football rund 15 Milliarden Dollar. Zum Vergleich: Der Jahresumsatz aller Profisportligen weltweit beträgt gerade einmal 213 Milliarden Dollar.

39.048943°N, 94.486100°W

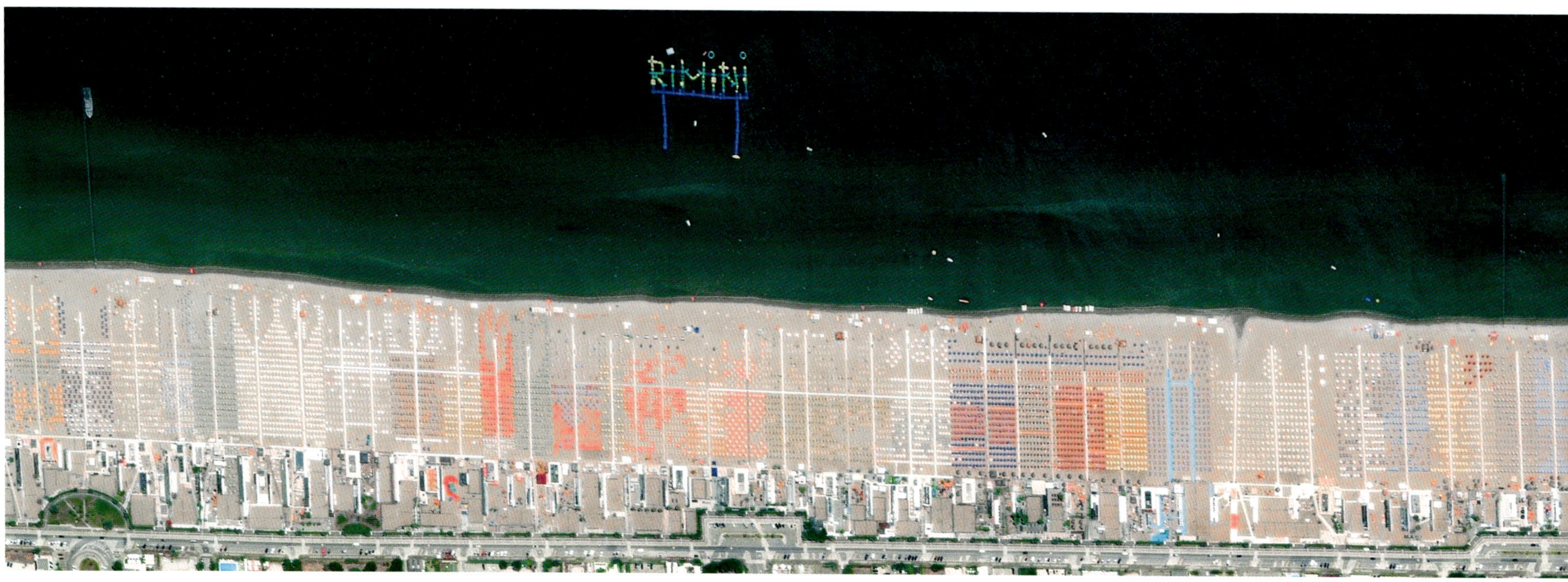

DIESE DOPPELSEITE

Rimini – Badestrand

Januar / April

In der wärmeren Jahreszeit werden am Strand von Rimini (Italien) reihenweise Liegen und Sonnenschirme aufgestellt. Durch seine Lage an der Adriaküste lockt der Ort mit seinen rund 150.000 Einwohnern jedes Jahr über 4,5 Millionen Besucher an. An dem 14,5 Kilometer langen Sandstrand reihen sich mehr als tausend Hotels sowie unzählige Bars, Clubs und Restaurants aneinander.

44.064972°N, 12.586833°O

SEITE 88–91

Glastonbury Festival

Davor / Währenddessen

Jedes Jahr findet in der englischen Ortschaft Pilton das Glastonbury Festival statt – ein fünftägiges Musikfestival mit rund 200.000 Gästen. Den Konzertbesuchern steht ein Campingplatz zur Verfügung, auf dem sie ihre mitgebrachten Zelte aufbauen dürfen. Sie verwandeln die Landschaft in ein farbenfrohes Mosaik, wie die Bilder auf den vorherigen Doppelseiten zeigen. An den übrigen 360 Tagen im Jahr beträgt Piltons Einwohnerzahl knapp 1000.

51.148500°N, 2.714000°W

27. August

DIESE SEITE UND GEGENÜBER

Burning Man

18. August – 7. September 2019

Hier sieht man, wie binnen drei Wochen in Nevada (USA) eine ganze Stadt, die Black Rock City, aus dem Boden wächst und wieder verschwindet. Jedes Jahr im August und September findet dort das Burning-Man-Festival statt, das sich um Themen wie Kunst, Gemeinschaft und Selbstversorgung dreht. In Spitzenzeiten zählt die temporäre Stadt rund 80.000 Besucher. Wie der zeitliche Verlauf zeigt, lautet eines der Grundprinzipien dieses Festivals „Keine Spuren hinterlassen". Deshalb stellen die Organisatoren und Teilnehmer sicher, dass die Wüste nach dem Event wieder genauso aussieht wie vorher.

40.786981°N, 119.204379°W

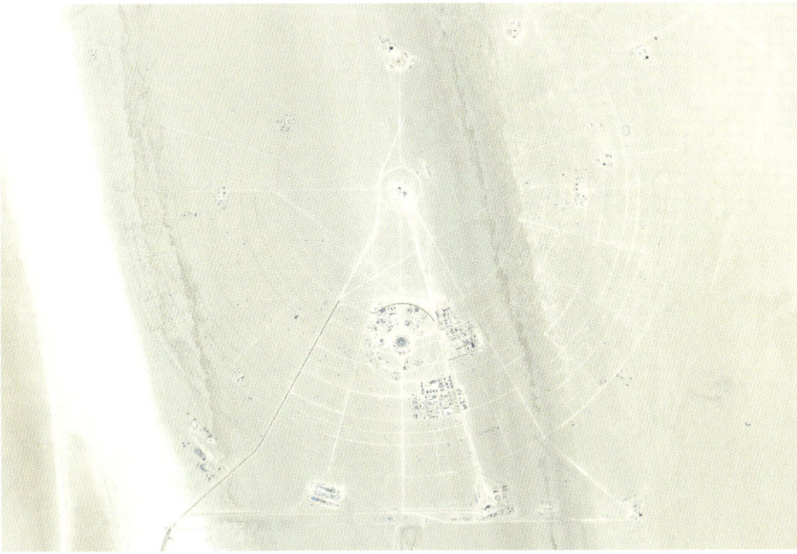

18. August

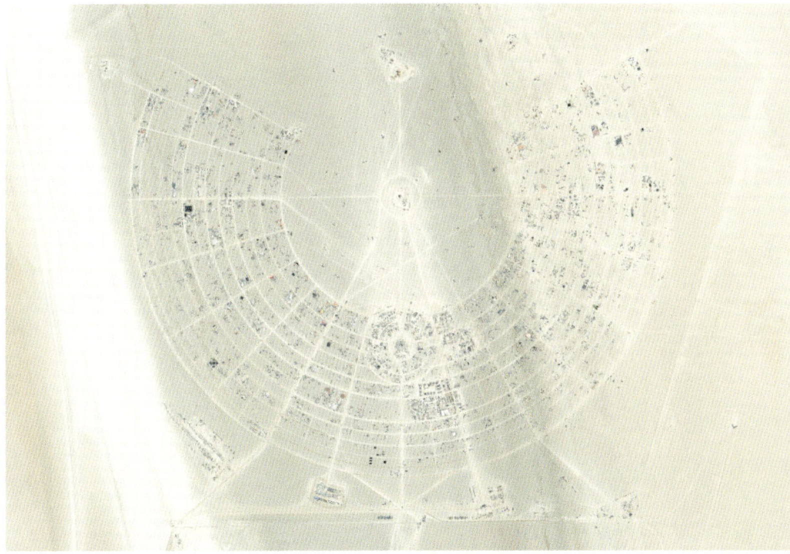

22. August

23. August

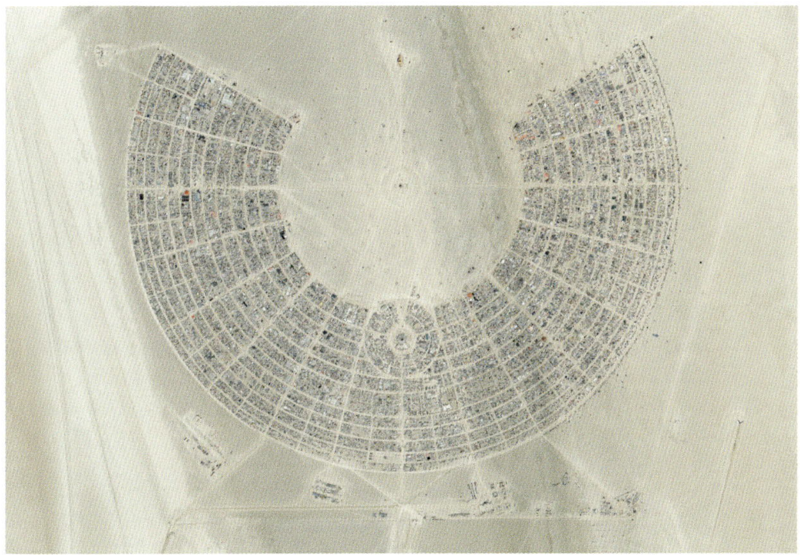

27. August

3. September

7. September

2012

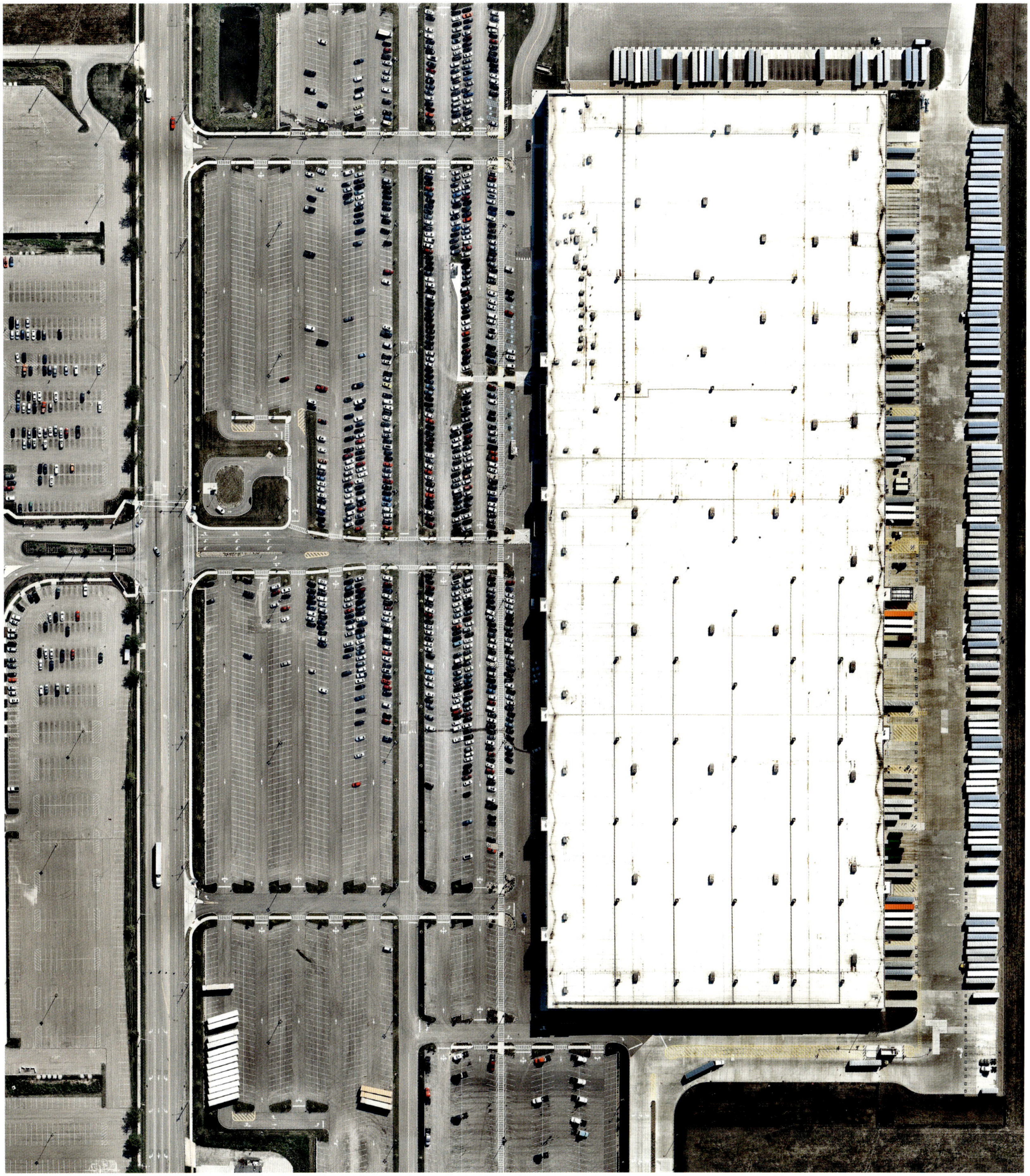

2019

VORHERIGE DOPPELSEITE

Vom Einkaufs- zum Logistikzentrum

2012 / 2019

Die Randall Park Mall war ein Einkaufszentrum außerhalb von Cleveland (Ohio, USA), das im März 2009 seine Türen schloss. Nachdem es einige Jahre leer stand, kaufte Amazon den Standort auf, ließ das Gebäude abreißen und baute dort ein neues Logistikzentrum mit 79.432 Quadratmetern Fläche. Für den Wandel unseres Konsumverhaltens gibt es wohl kaum ein besseres Beispiel: Wir kaufen immer seltener im örtlichen Einzelhandel, dafür umso häufiger in Onlineshops ein. In Deutschland bestellen drei von vier Verbrauchern mindestens einmal pro Monat im Internet, jeder fünfte sogar wöchentlich. Onlineshopping ist zwar bequem, geht allerdings mit einer hohen Retourenquote einher, die die Umwelt zusätzlich belastet.

41.433045°N, 81.532374°W

DIESE UND NÄCHSTE DOPPELSEITE

Reifenfriedhof

März 2018 / August 2018

Eine weitere Ladung Reifen wird auf dem weltweit größten Reifenfriedhof in Hudson (Colorado, USA) entsorgt. Dort türmen sich auf jeweils circa 45 Meter breiten Flächen rund 60 Millionen Altreifen auf. Jedes Jahr landen schätzungsweise 1,5 Milliarden Reifen im Müll. Mehr als die Hälfte davon wird zur Energiegewinnung verbrannt. Eine Vorstellung von den Größenverhältnissen vermittelt der 24 Meter lange Sattelzug, der sowohl in der Detailansicht links als auch in der Aufnahme der gesamten Deponie (siehe nächste Doppelseite) zu sehen ist.

40.176890°N, 104.682676°W

Schritt 1

An verschiedenen Sammelstellen im New Yorker Stadtgebiet werden die potenziellen Wertstoffe auf Lastkähne geladen und anschließend über die Wasserstraßen zum Werk in Brooklyn transportiert.

Schritt 2

Am werkseigenen Kai in der Gowanus Bay wird der Abfall mithilfe von Kränen und anderen Baumaschinen entladen. Von hier gelangt er zur Wiederaufbereitung ins Innere der Anlage.

DIESE SEITE UND GEGENÜBER

New York – Recyclingverfahren

2018

In Sims im New Yorker Stadtteil Brooklyn werden sämtliche in New York City entsorgten Gläser, Metalle sowie Kunststoffe sortiert und wiederaufbereitet. Tagtäglich verwertet der größte Recyclinghof der USA rund 800 Tonnen (726 metrische Tonnen) Material; etwa 8 Prozent (58.060 Kilogramm) des Gesamtgewichts entfallen dabei auf Wasserflaschen, so die Schätzung von Werksmitarbeitern. Sie vermuten außerdem, dass rund die Hälfte von New Yorks Wertstoffen nicht im Recyclinghof, sondern stattdessen auf der Müllhalde landet. Wie das Recyclingverfahren in Sims im Einzelnen abläuft, zeigen wir auf dieser Doppelseite.

40.661940°N, 74.009168°W

Schritt 3

Zunächst werden in der Anlage alle Wertstoffe zerkleinert. Durch spezielle Kameras können dann die jeweiligen Materialien – Papier, Glas, Metall und Plastik – identifiziert und von Maschinen (darunter riesige Magnete) verlesen werden. Glas und Papier werden zur Weiterverarbeitung in ein anderes Werk gebracht. Die restlichen, wiederverwertbaren Materialien werden in großen Blöcken zusammengepresst. Das Bild zeigt die Lagerung dieser Blöcke im Außenbereich des Recyclinghofs.

Schritt 4

Das Werk verkauft die riesigen Blöcke an Abnehmer aus unterschiedlichen Branchen. Wie man hier sieht, werden sie auf Eisenbahnwaggons verladen, um anschließend verschifft zu werden. Die Mehrzahl der Blöcke landet in Kraftwerken, wo sie zur Energierückgewinnung verbrannt werden. Stahl- und Zementindustrie kaufen den Abfall auf und verheizen ihn, um so ihre Maschinen anzutreiben. Für weitere Informationen zur Kunststoffproduktion siehe Seite 192.

VORHERIGE DOPPELSEITE

Sudogwon – Aufbau einer Mülldeponie

2008 / 2015

Fast der gesamte Abfall, den 22 Millionen Menschen und Veranstaltungen im Ballungsraum Seoul (Südkorea) verursachen, landet auf der Deponie Sudogwon. Von 2008 bis 2015 wurden hier auf einer Fläche von knapp 20,7 Quadratkilometern täglich rund 18.000 Tonnen (16.329 metrische Tonnen) Müll verwertet. In einem aktiven Bereich der Deponie entstand dabei ein beständig wachsender Hügel. Bis 2016 gab es wiederholt Bestrebungen, die Anlage zu schließen – wegen des hohen Umweltrisikos und weil der üble Geruch der Deponie bis in die umliegenden Wohngebiete drang. Schlussendlich wurde dieser Plan jedoch verworfen und die Fläche des Betriebs sogar noch vergrößert.

37.575981°N, 126.611526°O

DIESE DOPPELSEITE

Melbourne – Kläranlange

2013–2018

Hier sieht man im Verlauf von 4 Jahren den Prozess der Abwasserreinigung in einer Kläranlage in Cocoroc (Australien). Dieses Werk klärt die Hälfte allen Abwassers, das von Haushalten im nahe gelegenen Melbourne produziert wird, und ist mit einer Fläche von 10.522 Hektar etwa so groß wie Disney World in Florida. Bei der Behandlung des Abwassers entsteht als Nebenprodukt Klärschlamm – ein biodynamischer Stoff, der in der Anlage aufbereitet wird und anschließend zur Energiegewinnung oder in der Landwirtschaft eingesetzt wird.

37.985131°S, 144.610272°O

RESSO

URCEN

„Wenn der Brunnen ausgetrocknet ist, erkennen wir den Wert des Wassers."

—Benjamin Franklin

Wasser

Wasser ist die wichtigste Ressource unseres Planeten und die Grundlage allen irdischen Lebens. Es hat die Erde, wie wir sie heute kennen, maßgeblich geformt. Der menschliche Körper besteht zu mehr als 60 Prozent aus Wasser – ohne ausreichende Flüssigkeitszufuhr können wir höchstens 5 Tage lang überleben. Kein Wunder also, dass unsere Städte vor allem am Meer oder an schiffbaren Flüssen erbaut wurden. Süßwasser ist für unsere Zivilisation schließlich überlebenswichtig: Wir nutzen es als Trinkwasser, in der Landwirtschaft, für unsere sanitären Einrichtungen und sogar zur Energieproduktion. In diesem Kapitel schauen wir uns Standorte an, die Wasser in großem Stil nutzen – teils mit ungewollten Folgen.

Seit jeher hat Wasser unsere Kultur geprägt. So brachte etwa die Bewässerung von Ackerland einen enormen Fortschritt mit sich. Da der Mensch seine Nahrung nun nicht mehr nur durchs Jagen und Sammeln erwirtschaften musste, konnte er sesshaft werden und seine Siedlungen vergrößern. Heute tun wir die verrücktesten Dinge – wir bohren kilometerweit in die Tiefe oder leiten ganze Flüsse um –, nur um unseren Wasserbedarf zu decken. Wir haben die Meere befahren, erkundet und erobert, um uns neue Länder und Güter zu erschließen. Durch das Aufstauen von Flüssen produzieren wir gleichzeitig Strom und machen einst unbewohnbares Land urbar. Und aus Wasserdampf wird mithilfe von Dampfturbinen ein Gutteil unserer Elektrizität generiert. Somit ist Wasser, aufgrund seiner weitreichenden und vielfältigen Einsatzmöglichkeiten, eine unverzichtbare Ressource für unsere Zivilisation.

Auch wenn unser Verhalten etwas anderes suggeriert, sind die Wasservorräte der Erde keineswegs unerschöpflich. Zwar besteht die Erdoberfläche zu 70 Prozent aus Wasser, doch lediglich 2,5 Prozent davon ist Süßwasser. Da der Wasserbedarf stetig steigt und die Industrie verstärkt auf Wasserkraft setzt, werden die Konservierung und die Aufbereitung von Wasser künftig von noch größerer Bedeutung sein. Neue Methoden wie die Meerwasserentsalzung können die Wasserknappheit in bestimmten Regionen durchaus mindern. Allerdings sind solche Verfahren kostspielig, verbrauchen viel Energie, und nicht immer eignet sich das entsalzte Wasser auch als Trinkwasser. Letzten Endes ist Wasser die Hauptursache für alle auf der Erde stattfindenden Veränderungen – ohne Wasser wäre kein Leben, keine Zivilisation entstanden. Doch wenn wir unser Verhalten nicht ändern, sondern die Erde weiter ausbeuten, wird sich dieses Element irgendwann gegen uns wenden. Dann könnten uns Überschwemmungen oder aber extreme Dürren drohen.

VORHERIGE DOPPELSEITE

Bingham Canyon Mine
2012

Die Bingham Canyon Mine ist ein Tagebau in Salt Lake City (Utah, USA). Mit einer Breite von vier Kilometern und einer Tiefe von einem Kilometer ist sie die größte künstliche Grube der Welt und hat mehr Kupfer erzeugt als jede andere Mine zuvor, nämlich über 20 Millionen Tonnen (18,1 metrische Tonnen). Kupfer wird vor allem in Stromkabeln (etwa 60 Prozent der Gesamtmenge), aber auch in Bedachungen, Rohren und Armaturen (etwa 20 Prozent) sowie im Maschinenbau (etwa 15 Prozent) verwendet. Außerdem wird Kupfer mit anderen Werkstoffen gemischt (etwa 5 Prozent), um Kupfer-Legierungen wie Messing oder Bronze herzustellen.

40.522166°N, 112.166895°W

GEGENÜBER

Die Blaue Lagune
2018

Bei der Blauen Lagune handelt es sich um ein künstliches Thermalbad im Südwesten Islands. Sie liegt 19 Kilometer vom internationalen Flughafen Keflavík entfernt und ist eines der beliebtesten Touristenziele des Landes. Das heiße Wasser stammt aus dem nahe gelegenen Kraftwerk Svartsengi (im Bild oben zu erkennen); seine milchig blaue Färbung kommt durch den hohen Anteil an Kieselerde. Als Svartsengi im Jahr 1976 den Betrieb aufnahm, war es das weltweit erste Geothermalkraftwerk, das Strom und Warmwasser erzeugte. Noch heute versorgt die Anlage mehr als 21.000 Haushalte mit heißem Wasser.

63.881121°N, 22.450751°W

1984

1989

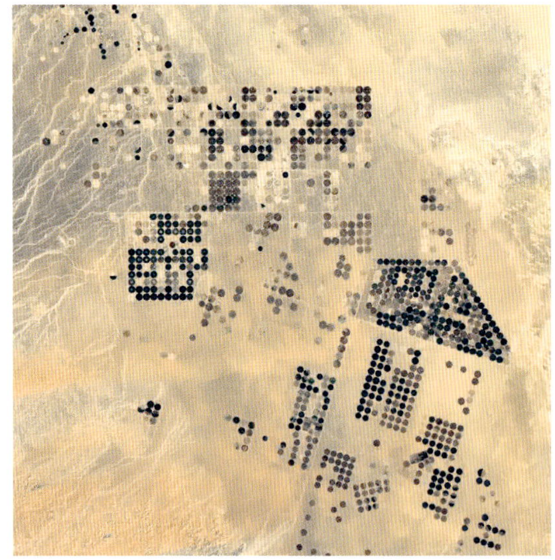

1999

2002

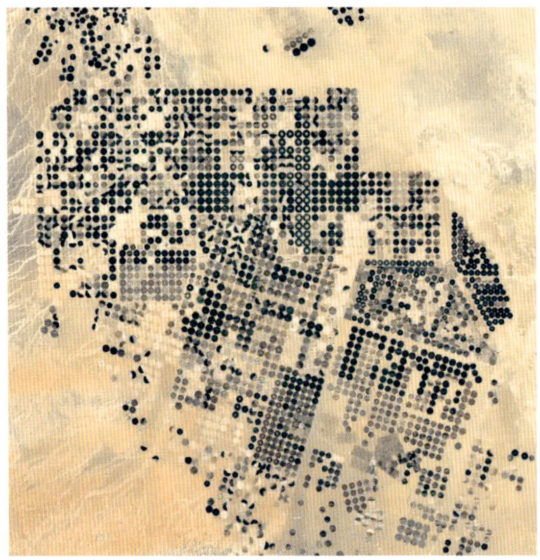

2009

2015

VORHERIGE DOPPELSEITE

Pivot-Beregnungssystem

Oktober / Januar

Zu sehen ist hier – einmal zur Erntezeit, einmal im Winter – eine Ackerfläche in Hereford (Texas, USA), die mit einem Pivot-Beregnungssystem bewässert wird. Das Wasser wird über mehrere rotierende Sprinkler verteilt, die an einem zentralen Elektromotor montiert sind; dadurch entstehen kreisrunde Flächen. Voraussetzung für die Pivot-Bewässerung ist ein einigermaßen flaches, ebenes Terrain. Solche Systeme kommen nicht in der kalten Jahreszeit zum Einsatz; denn dann gibt es kein Wasser und es werden keine Feldfrüchte angebaut.

34.991850°N, 102.571400°W

DIESE SEITE UND GEGENÜBER

Saudi-Arabien – Pivot-Beregnung

1984–2019

Während der letzten Jahrzehnte setzte Saudi-Arabien im Wadi-as-Sirhan-Becken immer mehr Pivot-Beregnungssysteme ein. Aus einer Tiefe von bis zu einem Kilometer wird Grundwasser an die Oberfläche gepumpt und dort mithilfe eines zentralen Motors und rotierender Sprinkler gleichmäßig versprüht. Durch Bemühungen der saudi-arabischen Regierung zur Stärkung des Agrarsektors vergrößerte sich die Anbaufläche von knapp 162.000 Hektar im Jahr 1976 auf mehr als 3,2 Millionen Hektar im Jahr 1993. Gerade dieses Projekt wird das Land jedoch vor gewaltige Herausforderungen stellen, denn die Wasservorräte werden sich kaum schnell genug regenerieren, um auch künftig den Wasserbedarf in dieser äußerst heißen, trockenen Region zu decken. Da die Temperaturen in der arabischen Wüste tagsüber auf 43,3 Grad klettern, kann die Bewässerung nur nachts erfolgen; andernfalls gäbe es wegen der Verdunstung einen hohen Wasserverlust.

30.169968°N, 38.338924°O

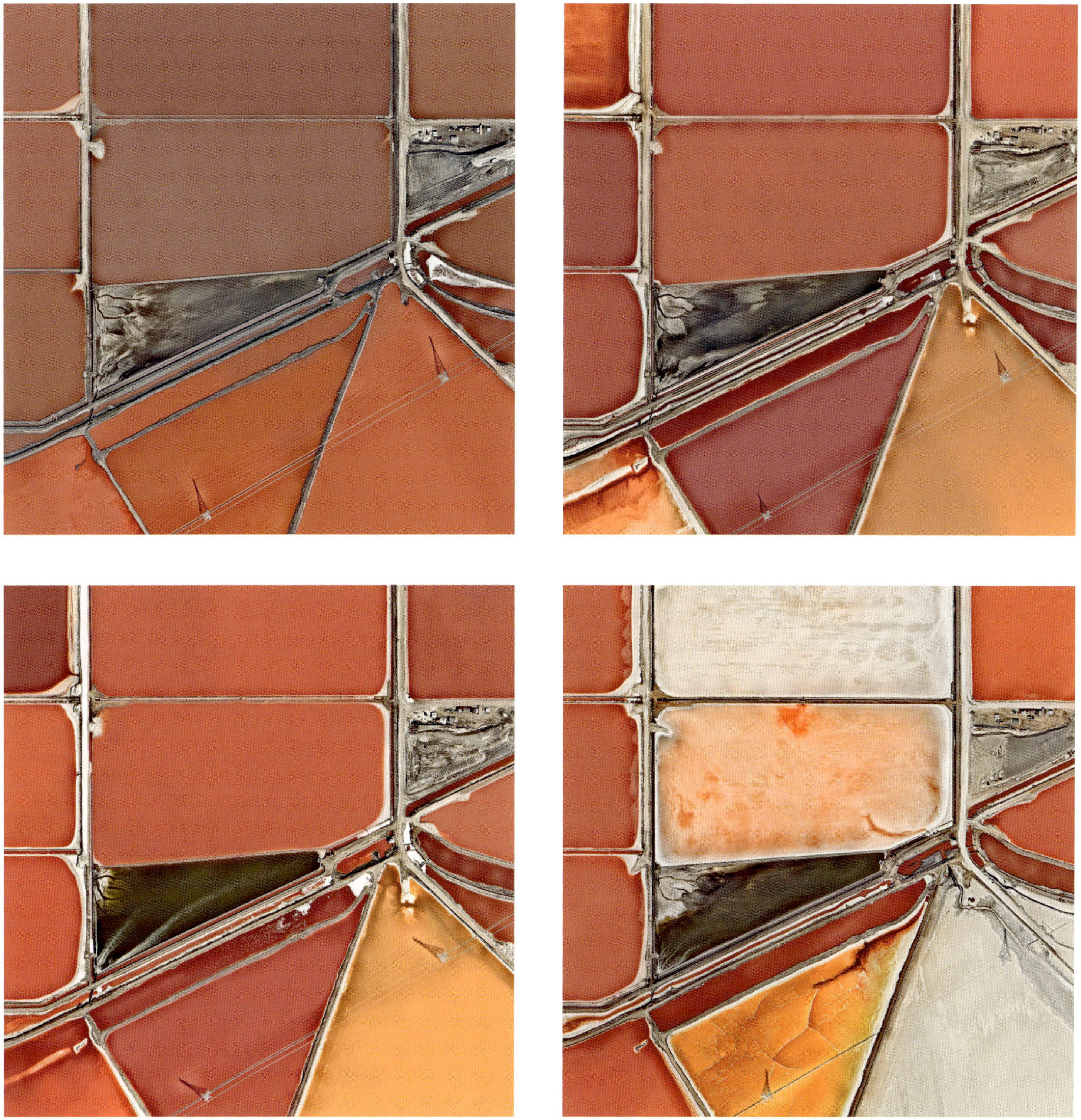

VORHERIGE DOPPELSEITE

Bucht von San Francisco – Metropolregion

2016

Dieses Satellitenbild der Bucht von San Francisco (Kalifornien, USA) wurde aus einem flachen Winkel und einer Entfernung von knapp 1.300 Kilometern aufgenommen. Dort, wo sich Süßwasser aus dem kalifornischen Inland mit Salzwasser aus dem Meer mischt, entstehen Brackwasser-Feuchtgebiete, die Wildtieren, insbesondere Wasservögeln, einen dynamischen Lebensraum bieten. Im Verlauf des 20. Jahrhunderts sind annähernd 80 Prozent dieses Feuchtlandes eingedeicht und aufgeschüttet worden, um es in Baugrund, Ackerland oder künstliche Salinen zu verwandeln.

37.794358°N, 122.560478°W

GEGENÜBER UND DIESE SEITE

Bucht von San Francisco – Salzteiche

2015–2019

Die in der Bucht von San Francisco gelegenen Salzteiche verändern, wie man hier sieht, mit der Zeit ihre Farbe. Meerwasser aus der Bucht wird in große Becken geleitet, wo es durch die Sonneneinstrahlung verdunstet. Anschließend wird das gewonnene Salz abgetragen und hauptsächlich für industrielle Zwecke genutzt. Ihre leuchtende, sich wandelnde Farbe verdanken die Teiche verschiedenen salzliebenden Algen, wie zum Beispiel der *Dunaliella salina* – einer Grünalge, die besonders gut in hypersalinen Gewässern gedeiht.

37.495364°N, 122.160180°W

2009

2018

VORHERIGE UND DIESE DOPPELSEITE

Nanri Island – Aquakultur / Offshore-Windpark

2009 / 2018 / 2018

Über Jahrzehnte wurden in den Gewässern um Nanri Island (China) Seetang und Seegras angebaut und Abalone (große Seeschnecken) gezüchtet. Seit 2015 erzeugt man dort, inmitten der Fangnetze, auch Offshore-Windenergie. Wie durch Windkraft Strom generiert werden kann, steht auf Seite 147. Inzwischen gibt es 130 Windkraftanlagen, mit nur sehr geringen Auswirkungen auf die Aquakulturproduktion. Im Jahr 2018 erbrachte die Aquakultur 179.000 Tonnen (162.386 metrische Tonnen) Meeresfrüchte, 2019 konnte der Betrieb seine Gesamtproduktion gar um 6,2 Prozent steigern.

25.178506°N, 119.460871°O

2010

2011

2012

2013

2014

2015

2016

2017

2018

2001

2002

2003

2004

2005

2006

2007

2008

2009

Austrocknung des Aralsees

SEITE 122–123

Aralsee – östlicher Teil

2019

Wo sich zuvor Wasser befand, erblickt man nun über weite Strecken den blanken, trockengefallenen Grund des Aralsees (Zentralasien), der zunehmend mit der Aralkum-Wüste verschmilzt. Als Folge der weiter unten beschriebenen Wasserumleitungen gelangen inzwischen jedes Jahr tonnenweise Staub sowie giftige Salze in die Atmosphäre. Solche Staubstürme können bis zu 400 Kilometer lang und 40 Kilometer breit werden. Da die Stürme sich in letzter Zeit häufen und dabei jedes Mal Giftstoffe aus dem ausgetrockneten See mit sich tragen, stellen sie auch ein gesundheitliches Risiko für die Menschen aus dem Umland dar.

44.399981°N, 58.334293°O

VORHERIGE DOPPELSEITE

Zerfall des Aralsees

2001–2018

Der Aralsee an der Grenze zwischen Kasachstan und Usbekistan war einst der viertgrößte Binnensee der Welt. Zwischen 2001 und 2018 ist sein Wasserspiegel jedoch stetig gesunken – eine Folge von mehreren Bewässerungsprojekten, die seit den 1960er-Jahren realisiert wurden, um die angrenzende Kysylkum-Wüste für die Landwirtschaft, insbesondere den Baumwollanbau, nutzbar zu machen (siehe unten). Durch die Umleitung des Syrdarja und Amudarja – zwei große Flüsse, die früher den Aralsee speisten – konnte dieser seine Wasserverluste nicht mehr ausgleichen. Der fallende Wasserspiegel bescherte der Region kältere Winter und heißere Sommer und brachte die gesamte Fischerei zum Erliegen.

44.906967°N, 59.569799°O

DIESE DOPPELSEITE

Kasachstan – Baumwollanbau

2018

Rund 805 Kilometer vom Aralsee entfernt, fließt der Fluss Syr, eigentlich Syrdarya, an Baumwollplantagen entlang und versorgt sie mit Wasser. Doch seit der Aralsee zu verschwinden droht, scheint die Zukunft des Baumwollanbaus in dieser Region ungewiss; schließlich hatte der See als wichtigste Wasserquelle in der Region den Anbau überhaupt erst ermöglicht. Gegen Ende der 1980er-Jahre wirkte die Flussumleitung noch wie ein gelungener Schachzug, schließlich hatte sie ihren Zweck erfüllt und Usbekistan zählte bald zu den weltweit größten Exporteuren von Baumwolle (aktuell rangiert das Land auf dem elften Platz).

41.896400°N, 67.947869°O

VORHERIGE DOPPELSEITE

New Bullards Bar Reservoir – Erholung der Grundwasserbestände

April 2015 / Mai 2017

Das New Bullards Bar Reservoir ist ein Stausee im Yuba County (Kalifornien, USA). Er wird von mehreren Flüssen sowie vom Schmelzwasser aus der Sierra Nevada gespeist, sein Fassungsvermögen entspricht etwa dem halben Volumen des Mount Everest. 2015 fiel in Kalifornien so wenig Schnee wie zuletzt vor 500 Jahren. Welche Konsequenzen diese Trockenperiode hatte und wie sich die Natur anschließend wieder erholte, zeigen diese Vorher-Nachher-Bilder: Im Jahr 2015 ragte die Uferzone des Sees sichtbar aus dem Wasser, im Jahr 2017 lag sie hingegen unter Wasser. Dass starke Niederschläge zwar dazu beitragen, dass sich die Grundwasserbestände erholen, zugleich aber auch gewisse Gefahren bergen, zeigt der Überlauf des Oroville Dam (siehe Seite 225).

39.458387°N, 121.191854°W

DIESE DOPPELSEITE

Sierra Nevada – Schneedecke

Februar 2019

Nach einem schneereichen Jahr liegen die Gipfel der Sierra Nevada (USA) unter einer mächtigen Schneedecke. Örtliche Ferienanlagen meldeten im Februar 2019 eine Schneehöhe von 13,8 Metern. Aus dem Gebirge fließt das Schmelzwasser, zusammen mit mehreren Bachläufen, direkt in das New Bullards Bar Reservoir (siehe auch vorherige Doppelseite). Weltweit sind 1,9 Millionen Menschen auf die Wasserreserven (Gletscher, Seen und Flüsse) in Gebirgen angewiesen, die deshalb auch als „Wassertürme“ bezeichnet werden.

Aufgrund des steigenden Trinkwasserbedarfs und des erhöhten Wasserverbrauchs in Landwirtschaft und Industrie sehen Forscher den Fortbestand der Reserven in Gebirgsregionen bedroht. Obendrein könnten die Gewässer, sofern sie an Landesgrenzen liegen, zum Gegenstand geopolitischer Konflikte werden. Die größte Bedrohung jedoch geht vom Klimawandel aus: Die globale Erwärmung führt zu geringeren Niederschlagsmengen – in der Folge verringert sich das Volumen der Gletscher und auch der Stauseen.

39.460419°N, 120.989563°W

DIESE SEITE UND GEGENÜBER

Merowe-Staudamm

2002 / 2019 / 2019

Der Merowe-Staudamm (Sudan) am Nil ist die größte Wasserkraftanlage in ganz Afrika. Die Wasserumleitung und der Bau des Damms dauerten von 2004 bis 2009. Nach Fertigstellung des Wasserkraftwerks erzeugte der Sudan doppelt so viel Strom wie vorher. Durch die Baumaßnahmen vergrößerte sich die Fläche des Nils auf knapp 700 Quadratkilometer, und 70.000 Einheimische, die vom Ackerbau lebten, verloren ihre Existenzgrundlage. Als Folge des Klimawandels und aufgrund der größeren Oberfläche verdunsten derzeit pro Jahr 1,5 Milliarden Kubikmeter Wasser aus dem Stausee – das sind rund 8 Prozent der Wassermenge, die dem Sudan laut Abkommen von 1959 jährlich zusteht.

18.668933°N, 32.050127°O

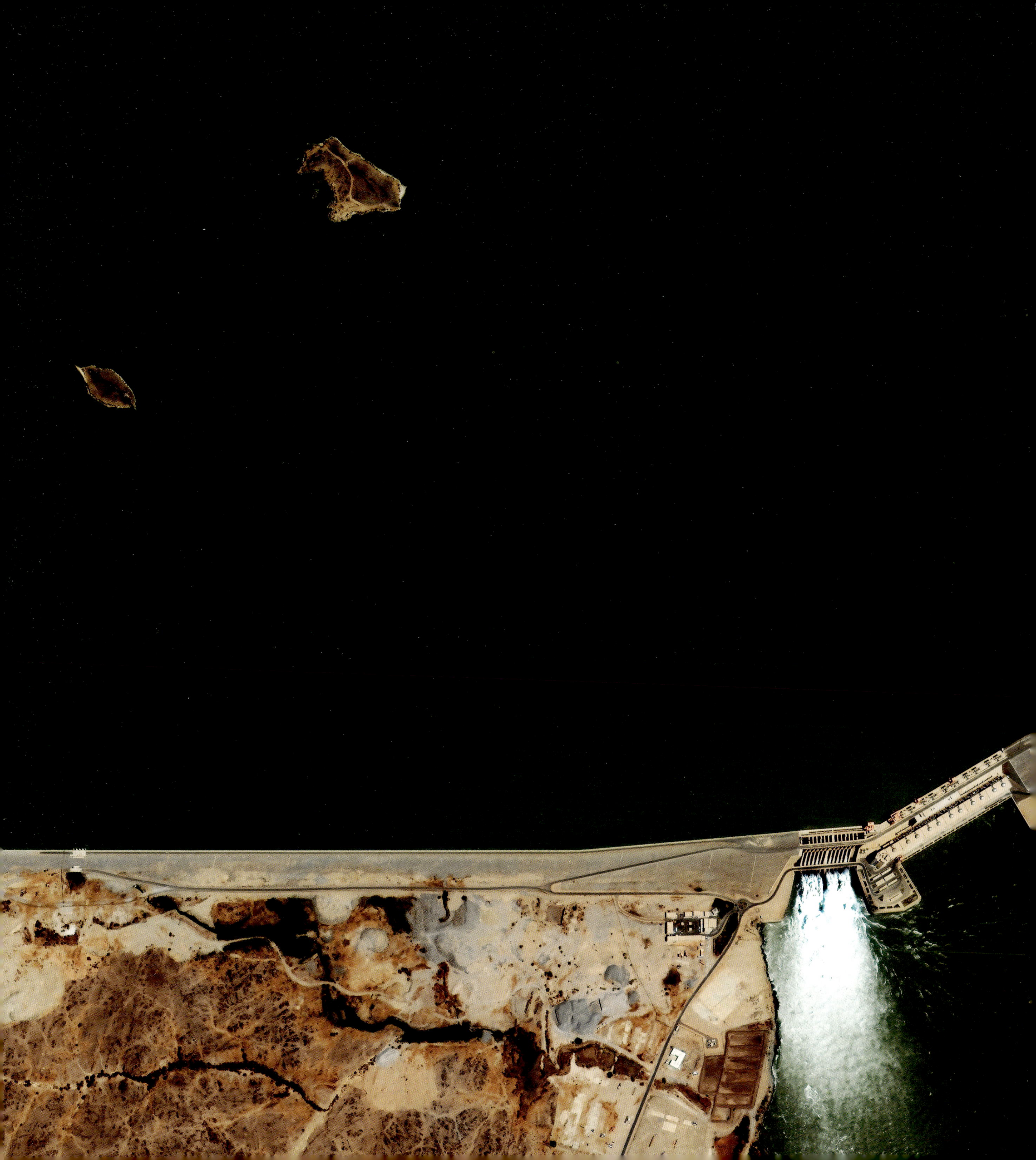

„In Landschaften herrscht von Natur aus eine große Vielfalt, doch der Mensch ist erpicht darauf, sie zu vereinfachen. Also setzt er jene *checks and balances* außer Kraft, welche von der Natur geschaffen wurden, um die einzelnen Spezies in ihren Grenzen zu halten."

—Rachel Carson

Land

Fast unser ganzes Leben spielt sich an Land ab, und nahezu alle unsere Siedlungen sind dort entstanden. Die Fähigkeit, Land zu kultivieren, war eine Grundvoraussetzung für die Urbanisierung. Noch heute lebt ein Drittel der Weltbevölkerung von der Landwirtschaft. Auch wenn wir nach wie vor nicht ohne Nahrungsmittel überleben können, haben wir selbst doch kaum noch etwas mit deren Herstellung zu tun. 40 Prozent der „nutzbaren" Erdoberfläche wird zum Anbau von Pflanzen oder zur Viehzucht genutzt, um die wachsende Weltbevölkerung zu ernähren. Insgesamt verursacht die Landwirtschaft einen erheblichen Teil, nämlich 25 Prozent, aller Treibhausgasemissionen. Dementsprechend wird sich dieses Kapitel schwerpunktmäßig mit der Veränderung von landwirtschaftlich genutzten Naturräumen befassen.

Statistiken zur Landnutzung und zum CO2-Ausstoß lassen oft außer Acht, dass die Menschen bereits seit Jahrhunderten Bäume und ganze Wälder abholzen, nur um auf der Erde mehr Fläche für den Getreideanbau oder die Viehzucht zu schaffen. Und dies, obwohl Bäume überschüssiges CO2 aufnehmen und langfristig binden können. Dort, wo es noch Wälder gibt, geht das Roden weiter – mit alarmierender Geschwindigkeit. Hinzu kommt, dass nicht überall dieselben Techniken genutzt und dieselben Vorschriften beachtet werden. Wie gerodet wird, wofür das Land genutzt und wie oder besser ob es wiederaufgeforstet wird, kann von Land zu Land variieren. Besonders problematisch ist die Methode der Brandrodung, da hierbei der gesamte, über Jahrhunderte gespeicherte Kohlenstoff aus den Bäumen wieder in die Atmosphäre gelangt. Im Folgenden führen wir mehrere Beispiele der Landnutzung an. So erfährt man, welche unterschiedlichen Ansätze es bereits gibt und wie eine zukunftsfähige, nachhaltige Landwirtschaft aussehen könnte.

Angesichts der wachsenden Weltbevölkerung – im Jahr 2050 wird Schätzungen zufolge die 10 Milliarden-Marke erreicht sein – müssen wir dringend neue, langfristige Methoden der Landnutzung finden. Da sich die Klimaerwärmung auch auf unsere Nahrungsvorräte auswirkt, könnte die Versorgung der Bevölkerung bald zu einer gewaltigen Herausforderung werden. Außerdem darf man nicht vergessen, dass die Produktion bestimmter Lebensmittel, etwa von Fleisch, in keinerlei Verhältnis zu deren Umweltkosten steht. Obwohl die durch Viehzucht verursachten Schäden längst allgemein bekannt sein sollten, steigt der weltweite Fleischkonsum unverändert an. Auch in Zukunft werden wir unser Land hauptsächlich zur Lebensmittelproduktion nutzen, doch darüber hinaus können wir neue Wege beschreiten und neue Technologien erproben. Zum Beispiel indem wir Solarenergie und Windkraft nutzen, um auf Brachland, aber auch auf Ackerflächen, gleichzeitig saubere Energie und Nahrung zu erzeugen. Letzten Endes sind wir es, die durch ihr Konsumverhalten bestimmen, wie die Erdoberfläche in Zukunft aussehen wird.

GEGENÜBER

Entwaldung in Bolivien
2017

Dieses Bild zeigt eine entwaldete Fläche in Santa Cruz (Bolivien). Während der 1980er-Jahre begann die bolivianische Regierung damit, Menschen aus den Anden ins Tiefland umzusiedeln; zugleich sollte im Rahmen des Projektes *Tierras Bajas* die landwirtschaftliche Entwicklung der Region vorangetrieben werden. Die Felder in Form von Windrädern sind eine Folge der sogenannten San-Javier-Neuansiedlung. Jedes „Windrad" umfasst dabei eine Gemeinde mit einer Kirche, einer Bar oder einem Café, einer Schule und einem Fußballfeld. Bei den helleren Flächen handelt es sich überwiegend um Sojabohnenfelder, die dunkleren Konturen dazwischen sind Windschutzstreifen, die den empfindlichen Mutterboden vor Erosionen schützen sollen.

16.685360°S, 62.859360°W

VORHERIGE UND DIESE DOPPELSEITE

Tulpenblüte in Holland

März / April

Jedes Jahr im Frühling stehen die Tulpenfelder in Lisse (Niederlande) in voller Blüte. Hier sieht man, wie sie von März bis April ihre Farbe verändern. Auf der vorherigen Luftbildaufnahme ist neben Tulpenfeldern auch die landwirtschaftliche Entwicklung zu erkennen. Rund zwei Drittel aller Blumenzwiebeln und neun von zehn Tulpen kommen aus den Niederlanden. Außerdem exportieren die Niederländer in großem Stil Tomaten, Paprika, Gurken sowie Ananas, die sie selbst jedoch nur in geringen Mengen konsumieren.

52.276355°N, 4.557080°O

VORHERIGE DOPPELSEITE

Rapsblüte

August / September

In Cocoroc (Australien) überziehen blühende Rapsfelder die Landschaft. Raps wird vor allem zur Produktion von Rapsöl angebaut, das durch Erhitzung und Pressung der Rapssaat gewonnen wird. Da Raps als Kraftstoff ebenso wie als Nahrungsmittel verwendet werden kann, ist er Australiens drittwichtigste Nutzpflanze. Gelegentlich greifen auch Weizenbauern auf Raps zurück, da sich ein solcher Fruchtwechsel positiv auf die Fruchtbarkeit der Böden auswirkt.

37.943141°S, 144.649480°O

GEGENÜBER

Windrad-Fabrik

2016

Auf einem Fabrikgelände in Little Rock (Arkansas, USA) lagern Rotorblätter für Windräder. Per Lkw werden die einzelnen Rotorblätter zum Windpark transportiert und dann vor Ort montiert. Die von General Electric hergestellten Windräder sind für Windparks wie jenen im rechten Bild bestimmt. Ein Rotorblatt kann bis zu 107 Meter lang sein, also 1,3-mal so lang wie ein Häuserblock in New York City.

34.712103°N, 92.185479°W

DIESE SEITE

Windpark Fântânele-Cogealac

2018

Der Windpark Fântânele-Cogealac (Rumänien) ist mit 240 Windrädern und unzähligen Rotorblättern (siehe gegenüber) die größte Windkraftanlage in Europa. Inmitten von Rapsfeldern (siehe vorherige Doppelseite) liefert sie rund 10 Prozent der gesamten von Rumänien produzierten erneuerbaren Energie. Zuerst versetzt der Wind die Rotorblätter in Bewegung. Diese Energie wird dann durch ein Getriebe, das sich oben auf dem Windrad befindet, und einen Generator in Strom umgewandelt und gelangt über Erdkabel zum nächstgelegenen Umspannwerk. Die Windräder funktionieren unabhängig voneinander und verfügen jeweils über einen Computer, der Windgeschwindigkeit sowie Windrichtung berechnet. Die Gondel ist mitsamt dem Rotor um 360 Grad drehbar; ferner wird durch die Windrichtungsnachführung eine optimale Anströmung und somit ein möglichst hoher Energieertrag erreicht.

44.590278°N, 28.565278°O

DIESE SEITE

Bau des Solarkraftwerks Ouarzazate

2009 / 2018

Das Kraftwerk Ouarzazate (Marokko) ist ein mehrphasiges Solarkraftwerk und mit einer Gesamtleistung von 510 Megawatt das weltweit größte mit Strahlungsbündelung. Im Mai 2013 begannen die Bauarbeiten an der ersten von insgesamt drei Anlagen (Noor I, II und III); Speicherkapazität und Leistung des Werks konnten im weiteren Verlauf schrittweise erhöht werden. Noor I und II sind mit Parabolrinnen ausgestattet (die rechteckigen Flächen, die hier zu sehen sind); diese bündeln die Solarenergie, um Öl auf rund 400 Grad zu erhitzen. Anschließend wird die thermische Energie an Wasser abgegeben, das daraufhin verdampft. Der Wasserdampf wiederum treibt eine Turbine an, die über einen Generator elektrische Energie erzeugt.

30.994401°N, 6.863301°W

GEGENÜBER

Noor III – Solarkonzentrator

2018

Noor III ist ein Solarturmkraftwerk und die jüngste Anlage in Ouarzazate. Es nutzt die Technik der Strahlungsbündelung. Über Heliostate wird dabei die Sonneneinstrahlung auf die Spitze eines 250 Meter hohen, zentralen Turms gelenkt. Dort lagert Salz, das sich auf 260 bis 550 Grad erhitzt und schmilzt. Das geschmolzene Salz fließt dann in einen Speicher, wo mittels Wärmeübertragung zunächst Wasserdampf und schließlich Strom erzeugt wird. Der Solarturm von Noor III kann ausreichend Energie produzieren und speichern, um zehn Tage lang ohne Sonnenlicht auszukommen.

30.994401°N, 6.863301°W

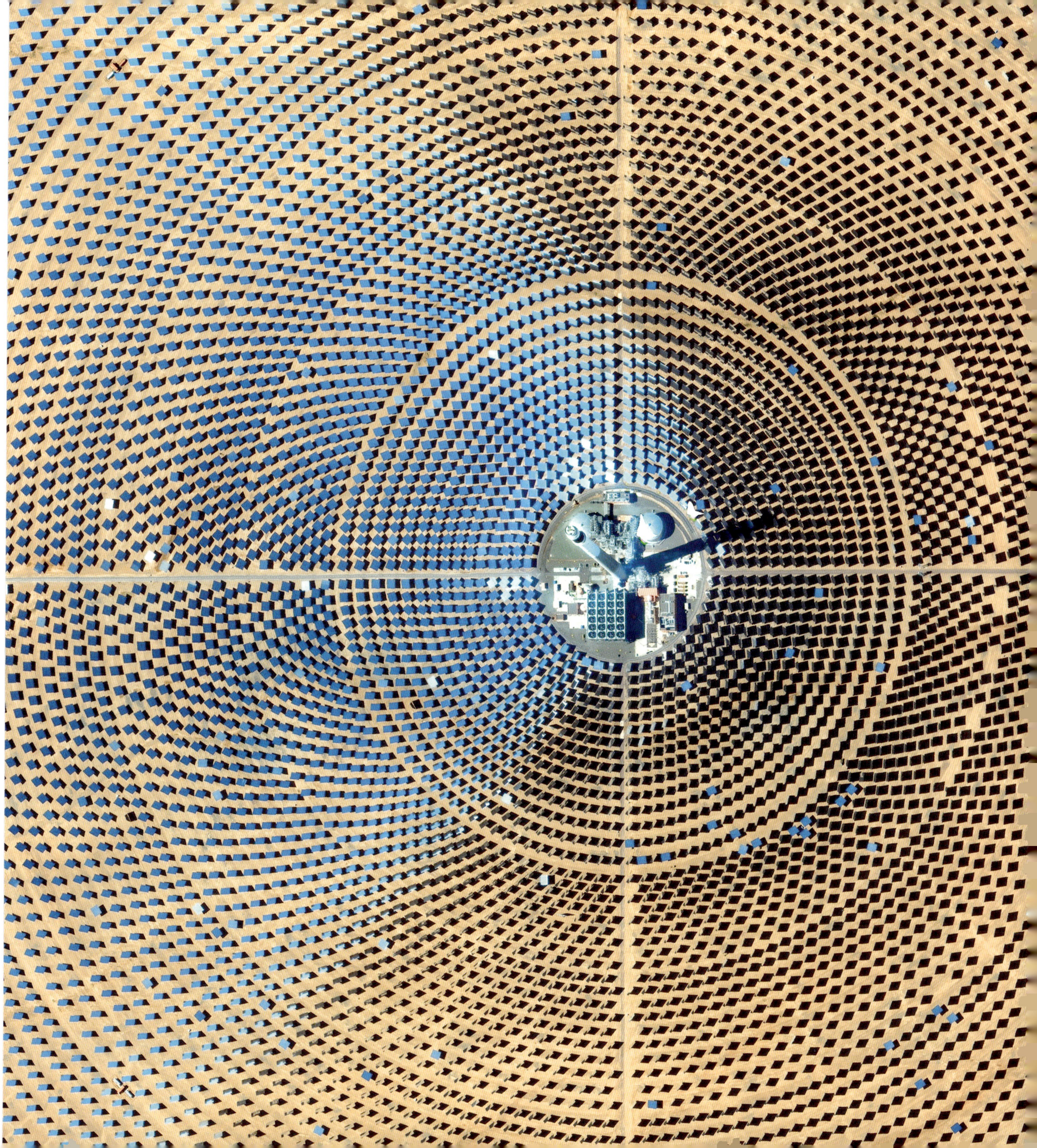

VORHERIGE UND DIESE DOPPELSEITE

Vergrößerung eines Rinder-Feedlot

2011 / 2018

Um die Fleischproduktion zu steigern, wurde das Feedlot von Fort Kearney Consolidated in Minden (Nebraska, USA) seit 2010 kontinuierlich erweitert. Deutlich erkennbar ist zum Beispiel ein großes, neu angelegtes Wasserbecken zur Entsorgung von Abfall und Gülle. Gezeigt wird hier die Dimension des Betriebes im Jahr 2018. In Feedlots werden Rinder, die bereits ein Gewicht von 295 Kilogramm erreicht haben, schlachtreif gemästet. Dazu erhalten sie spezielles Kraftfutter, das sie in drei bis vier Monaten bis zu 180 Kilogramm zunehmen lässt.

Rund ein Viertel der Landfläche unserer Erde wird zur Haltung von Weidevieh genutzt, und auf einem Drittel der gesamten Ackerfläche werden Feldfrüchte angebaut, die als Viehfutter dienen. Insbesondere die Rinderzucht gilt als umweltschädlich, da sie mehr Treibhausgase verursacht als die Produktion aller anderen Lebensmittel. Um Weideflächen zu schaffen, werden Wälder abgeholzt, pro Kilogramm Rindfleisch werden gut 15.000 Liter Wasser benötigt und beim Grasen produzieren die Tiere hohe Mengen an Methan. Es ist ersichtlich, dass sich Rindfleisch, im Vergleich zu anderen Lebensmitteln, kaum nachhaltig produzieren lässt.

40.604295°N, 98.930377°W

Entwaldung

Landnutzung geht häufig mit Entwaldung einher, denn um eine Landfläche nutzbar zu machen – etwa für die Landwirtschaft, zur Urbanisierung oder zum Holzeinschlag –, muss sie zunächst einmal von Bäumen befreit werden. Dabei gibt es, je nach Land, unterschiedliche Formen der Entwaldung, von denen jede bestimmte Risiken und Konsequenzen birgt. Um nachzuvollziehen, wie sich die jeweilige Methode auf das Ökosystem der Erde auswirkt, sehen wir uns hier betroffene Waldgebiete rund um den Globus an.

DIESE SEITE UND GEGENÜBER

Amazonas-Regenwald – Brandrodung

2014 / 2016

Im brasilianischen Bundesstaat Mato Grosso hat die Brandrodung deutliche Spuren hinterlassen. Bei diesem Verfahren werden die Bäume gefällt, zum Trocknen liegen gelassen und später in Brand gesteckt. Dadurch bleibt eine dicke Ascheschicht zurück, die den Boden der künftigen Anbaufläche fruchtbar macht. Der Amazonas-Regenwald ist – dank der Fotosynthese – einer der größten Kohlenstoffdioxid-Speicher der Welt. Brandrodet man nun den Wald, wird der gesamte bis dato gespeicherte Kohlenstoff wieder freigesetzt, was den CO2-Gehalt der Atmosphäre enorm in die Höhe treibt. Durch die globale Erwärmung und die zunehmende Trockenheit geraten die Feuer zudem oftmals außer Kontrolle und brennen über längere Zeiträume. Die daraus resultierende Luftverschmutzung gefährdet die Gesundheit der Menschen in angrenzenden Wohngebieten.

14.012800°S, 54.932000°W

VORHERIGE DOPPELSEITE

Amazonas-Regenwald – Entwaldung

1989 / 2019

Innerhalb des Amazonas-Regenwaldes ist der Bundesstaat Rondônia (Brasilien) besonders stark von der Entwaldung betroffen. Einst gab es hier 207.199 Quadratkilometer Waldfläche, doch im Verlauf der letzten 30 Jahre wurden diese entweder exzessiv abgeholzt oder ausgedünnt. Bis 2003 wurden schätzungsweise 67.340 Quadratkilometer kahl geschlagen – ein Gebiet, das größer ist als der US-Bundesstaat West Virginia. In der Folge ging die planmäßige Zerstörung des Amazonas-Regenwaldes weiter; die verheerenden Waldbrände von 2019 verschlimmerten die Situation zusätzlich: Zeitweise loderten 76.000 Brände gleichzeitig, wobei ein Großteil der Feuer zur Brandrodung gelegt worden war. Rund 18.648 Quadratkilometer Wald wurden dabei vernichtet.

9.937550°S, 63.425200°W

DIESE DOPPELSEITE

Rondônia – Phasen der Entwaldung

2018

Die Entwaldung im Amazonas-Gebiet läuft meist in mehreren Phasen ab: Zunächst wird ein abgelegener Teil des Waldes durch neue Straßen – legale wie illegale – zugänglich gemacht. Landwirte siedeln sich an und beginnen damit, die Grundstücke entlang der Straße abzuholzen, um dort Ackerbau zu betreiben. Durch starke Regenfälle und Erosion ist der Boden allerdings schon nach wenigen Jahren ausgelaugt, sodass der Ernteertrag sinkt. Also nutzen die Landwirte die Fläche fortan als Weideland (rechts ist ein Rinder-Feedlot zu erkennen) und holzen weitere Bäume ab, um neues Ackerland zu gewinnen. Wenn die Grundbesitzer ihr Land größtenteils kahl geschlagen haben, treten sie es schließlich an Rinderzüchter ab, die dort im großen Stile Feedlots einrichten. Auch Bergwerke, in denen Bodenschätze wie Gold, Zinn und Bauxit gefördert werden, sind im rechten Bild zu sehen.

9.753523°S, 62.793919°W

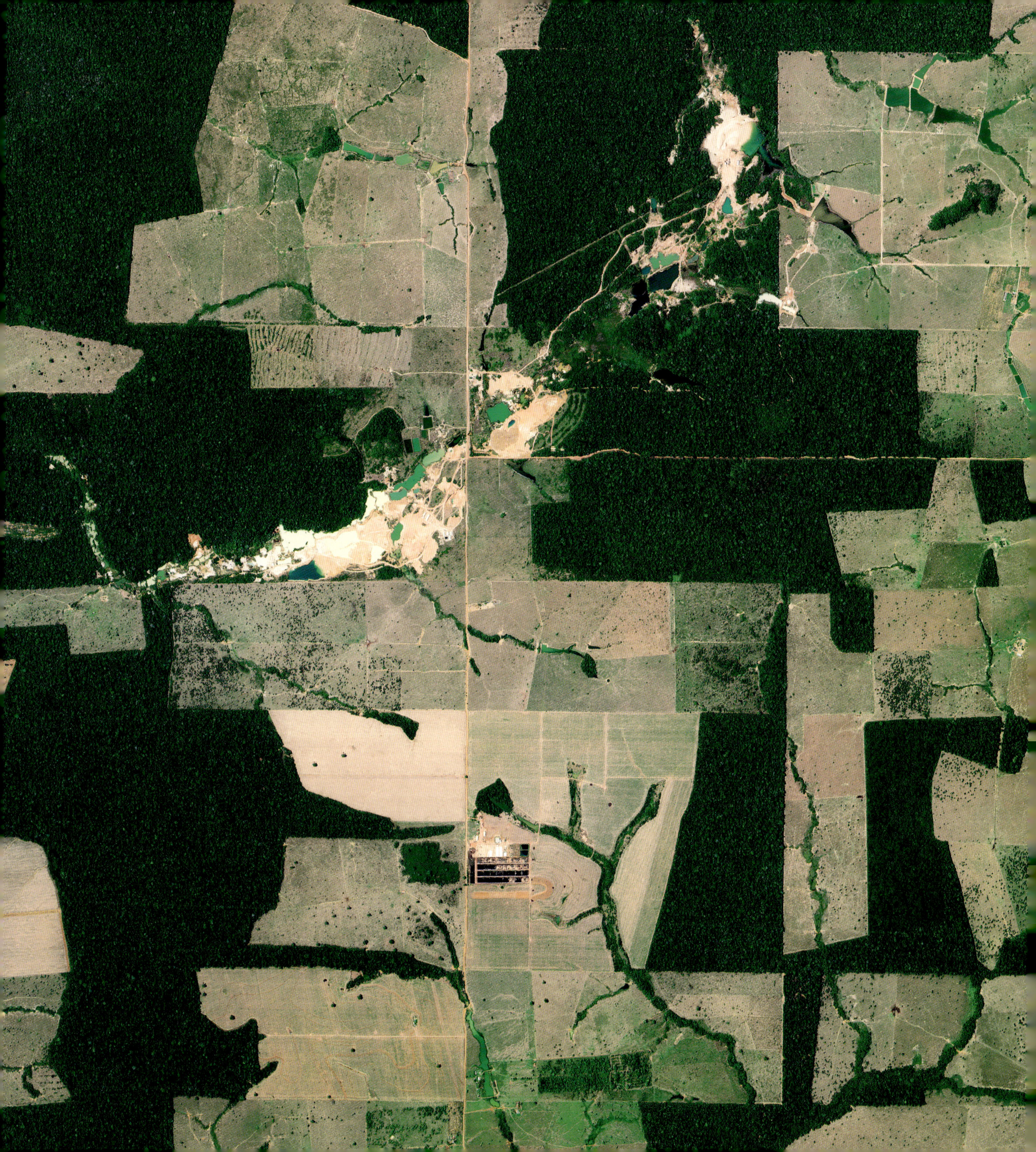

VORHERIGE DOPPELSEITE

Sumatra – Entwaldung

2016 / 2018

Für die Palmölproduktion werden auf der indonesischen Insel Sumatra große Waldflächen vernichtet. Diese Aufnahmen zeigen, wie eine 11 Quadratkilometer große Fläche des Leuser-Ökosystems, bestehend aus Sumpfwäldern und dichten Wäldern, abgeholzt und anschließend zum Anbau von Palmölplantagen genutzt wird. Dabei werden auf dem hügeligen Land Terrassen angelegt, um Bodenerosion durch Wasser zu vermeiden. Das Leuser-Ökosystem ist weltweit eines der letzten Rückzugsgebiete für Orang-Utans, Elefanten, Tiger und Nashörner; insgesamt sind hier mehr als 200 Säugetierarten und 500 Vogelarten heimisch. Wenn nun die dichten Regenwälder dem großflächigen Anbau von Ölpalmen weichen müssen, brechen ganze Ökosysteme zusammen, und die Kohlenstoffemissionen steigen beträchtlich.

3.985230°N, 98.032040°O

DIESE DOPPELSEITE

Sumatra – Palmölplantage

2019

Sumatras Landschaft ist von einer gigantischen Palmölplantage bedeckt – allein dieser Ausschnitt zeigt 34 Quadratkilometer. Wie hier zu sehen, sind solche Plantagen meist in Raster unterteilt und verfügen über Unterkünfte für die Feldarbeiter. In den vergangenen Jahrzehnten hat sich Indonesien zum weltweit größten Exporteur von Palmöl (das vor allem in der Lebensmittelindustrie verwendet wird) entwickelt und exportiert jedes Jahr knapp 35 Millionen Tonnen (31,8 Millionen metrische Tonnen) des Pflanzenöls. Die Landnutzung zugunsten der Palmölindustrie setzt jährlich 500 Millionen Tonnen Kohlendioxid frei – das entspricht 1,4 Prozent des weltweiten CO2-Ausstoßes. Zum Vergleich: Der gesamte US-Bundesstaat Kalifornien verursacht im Jahr weniger Treibhausgase als die Palmölindustrie.

2.213380°S, 100.905640°O

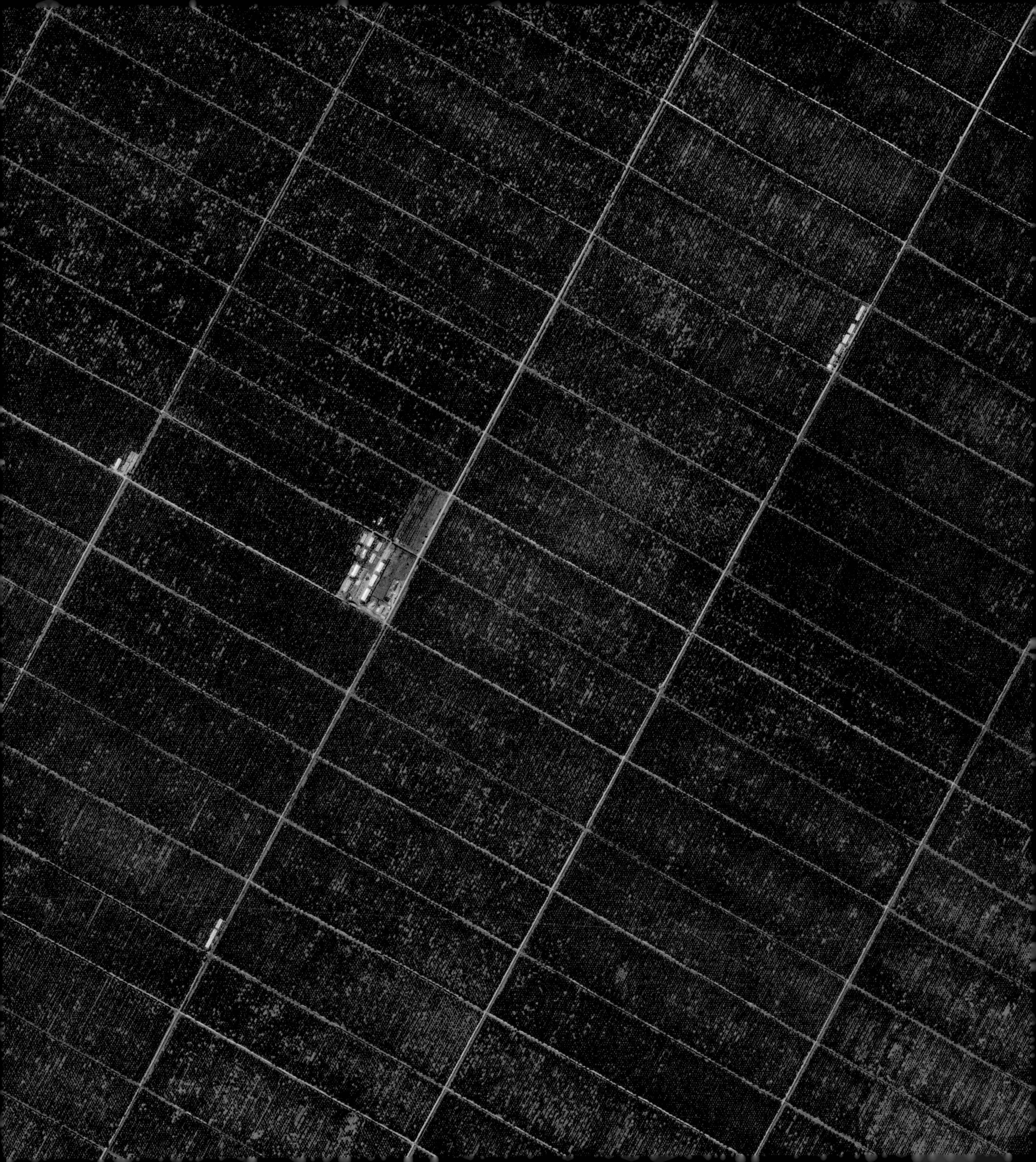

2010

2018

VORHERIGE DOPPELSEITE

Oregon – Kahlschlag

2010 / 2018

In Oregon (USA) hinterlässt die systematische Entwaldung durch Kahlschlag charakteristische Muster. Als Kahlschlag bezeichnet man die planmäßige Fällung von Bäumen innerhalb eines bestimmten Gebietes. Aufgrund seiner Auswirkungen auf den Oberboden, der ebenfalls abgetragen wird (siehe die grauen Bereiche), ist dieses Verfahren stark umstritten. Doch die Vorher-Nachher-Bilder zeigen auch die Konsequenz von Oregons Gesetzen zur Landnutzung, die vorschreiben, dass für jeden gefällten Baum mindestens fünf neue gepflanzt werden müssen: Der Wald wächst sichtbar nach. Dank dieser Auflagen liegt der Waldanteil in Oregon bei rund 50 Prozent, etwa so viel wie zu Beginn des 17. Jahrhunderts. Weltweit sieht das leider anders aus: Jedes Jahr werden schätzungsweise 15 Milliarden Bäume (von insgesamt 3 Billionen) gefällt, während nur 5 Milliarden Bäume nachgepflanzt werden.

43.094819°N, 123.832631°W

GEGENÜBER UND DIESE SEITE

Washington – Sägewerk

2019

In der Regel werden die geschlagenen Bäume zu einem Sägewerk transportiert. Hier sieht man Longview Softwood, ein Sägewerk in Longview (Washington, USA) an der Grenze zu Oregon. Auf Booten gelangt das Rundholz zum Werksgelände, wo es aufgestapelt und anschließend mit Gabelstaplern in die Sägemühle gefahren wird. Mit einem jährlichen Ertrag von 715.353 Quadratmetern Schnittholz ist Longview Softwood das größte Sägewerk in den USA. Bei der Verarbeitung von Rundholz zu Schnittholz entsteht Sägemehl, das im rechten Bild zu sehen ist. Um den Baum komplett zu nutzen, wird dieses Nebenprodukt verkauft und weiterverarbeitet, etwa in Spanholzplatten, zu Zellstoff oder Mulch.

46.114872°N, 122.969947°W

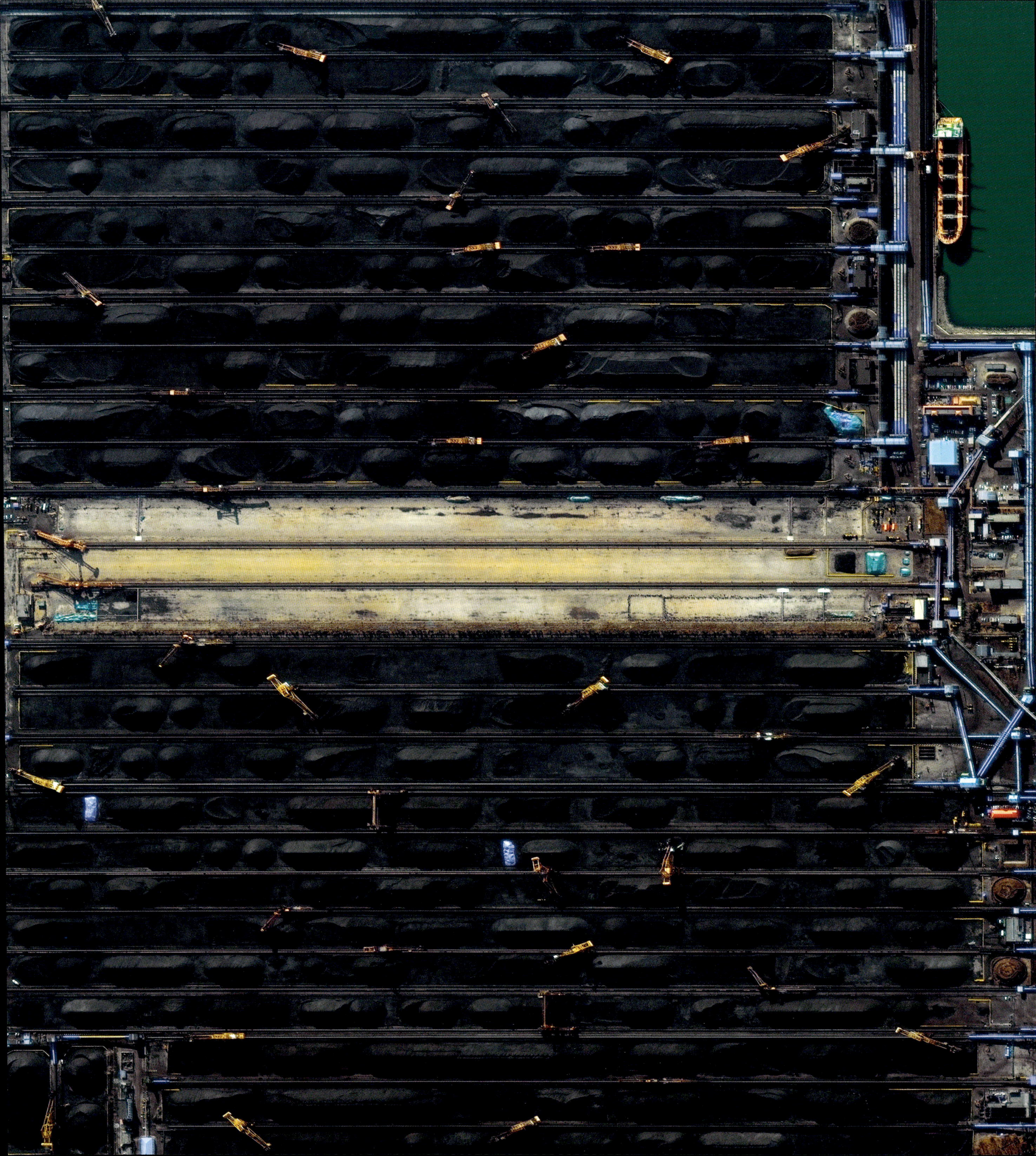

„Seit wir auf zwei Beinen stehen, beuten wir die Erde aus. Wir arbeiten daran, jene Rohstoffe zu beschaffen, die uns ermöglichen, nach unseren Vorstellungen zu leben."

—Edward Burtynsky

Rohstoffe

Seit mehr als 10.000 Jahren macht der Mensch von Werkstoffen Gebrauch, die in der Natur vorkommen. Dank dieser Ressourcen sind wir heute imstande, weitere Rohstoffe zu fördern und daraus andere nützliche Dinge herzustellen. Wir entwickeln komplexe Verfahren und bauen Strukturen auf, um sicherzustellen, dass unser Bedarf auch in Zukunft noch gedeckt sein wird. Fossile Brennstoffe werden zum Beispiel erst seit dem 20. Jahrhundert verstärkt als Energiequelle genutzt und sind heute aus unserem Alltag nicht mehr wegzudenken. Solche Errungenschaften kann man aufgrund ihres Ausmaßes einerseits mit Besorgnis betrachten; andererseits sind sie aber auch Zeugnis unseres Könnens.

Damit die Erde uns gibt, was wir brauchen, riskieren wir einiges. Die globale Industrialisierung und die Urbanisierung ließen die Nachfrage nach bestimmten Rohstoffen sprunghaft ansteigen. Es wurden neue Produkte auf den Markt gebracht und neue Verfahren zur Rohstoffgewinnung entwickelt. Lithium beispielsweise ist ein Hauptbestandteil von Lithium-Ionen-Akkumulatoren, die in Smartphones, Laptops und anderen elektronischen Geräten eingesetzt werden. Um solche Rohstoffe aus dem Boden zu holen, benötigt man viel Wasser und Energie. Außerdem findet die Gewinnung und Weiterverarbeitung meist in mehreren Schritten und an verschiedenen Standorten statt – deshalb betrachten wir in diesem Kapitel die einzelnen Stationen auf dem Weg vom Rohstoff zum fertigen Produkt bzw. von der Förderung bis zum Verwendungszweck eines Werkstoffes.

Zwei Ressourcen sind für uns von zentraler Bedeutung, nämlich Erdöl und Kohle, und wir betreiben großen Aufwand, um diese Bodenschätze zu finden und abzubauen. Seit Längerem schon haben sie sich als kostengünstige Energieträger bewährt. Allerdings werden bei der Gewinnung und der Verbrennung dieser Stoffe große Mengen Kohlendioxid freigesetzt. Und so befindet sich die CO2-Konzentration in unserer Atmosphäre derzeit auf dem höchsten Stand seit über 800.000 Jahren. Mit Blick auf die Zukunft sind wir bereits auf alternative Energiequellen – namentlich Solar- und Windkraft – umgestiegen, die deutlich weniger Kohlenstoff produzieren und nahezu unerschöpflich sind. Bis wir mithilfe dieser Technologien den weltweiten Energiebedarf decken können, wird es allerdings noch etwas dauern. Doch in jedem Fall ist der Trend zu erneuerbaren Energien ein guter Ansatz, wenn wir auf lange Sicht nachhaltig und klimaschonend Energie produzieren wollen.

GEGENÜBER

Qinhuangdao – Kohleterminal

2019

Am Kohleterminal im Hafen von Qinhuangdao (China) wird so viel Kohle umgeschlagen wie nirgendwo sonst in China. Per Frachtschiff oder Güterzug gelangen von hier aus jedes Jahr rund 231,5 Tonnen (210 metrische Tonnen) Kohle zu den Kohlekraftwerken im Süden des Landes. Im internationalen Vergleich ist China der größte Kohleproduzent und Kohlekonsument. Schätzungen zufolge verursachte die chinesische Kohleindustrie von 1988 bis 2015 ganze 14 Prozent der weltweiten Emissionen. Aktuell geht man davon aus, dass die Volksrepublik mehr Kohlekraftwerke unterhält als alle anderen Länder der Welt zusammen – mit Standorten im In- und Ausland. Zum Thema Kohleverstromung siehe Seite 179.

39.933622°N, 119.683840°O

Energie aus Kernkraft

VORHERIGE DOPPELSEITE

Bergwerk Olympic Dam

Schritt 1

Das Bergwerk Olympic Dam im australischen Bundesstaat South Australia verfügt über das größte Uranerzvorkommen der Welt und produziert mehr Uranoxid alias Yellowcake als jede andere Mine des Kontinents. Zunächst einmal muss das Uranerz gefördert und anschließend mittels Isotopentrennung angereichert werden; erst dann kann man es zu einem Brennstoff weiterverarbeiten und daraus Energie erzeugen.

30.444444°S, 136.866667°O

GEGENÜBER

Hafen von Adelaide

Schritt 2

Australien, das über 33 Prozent der weltweiten Uranerzvorkommen verfügt, ist der drittgrößte Uranproduzent der Welt. Dabei hat das Land weder Kernkraftwerke noch Atomwaffen, sondern verschifft das abgebaute Uran in andere Staaten, die es dann weiterverarbeiten. Das Uran aus dem Bergwerk Olympic Dam muss erst 563 Kilometer über Land reisen, bevor es im australischen Adelaide verschifft wird. Dazu wird der Yellowcake in 200-Liter-Fässer gefüllt und in Containern auf Frachtschiffe verladen.

34.769640°S, 138.490393°O

DIESE SEITE

Kernkraftwerk Palo Verde

Schritt 3

Über die Hälfte des in Australien geförderten Urans wird von den USA aufgekauft, die rund 30 Prozent der weltweiten Kernenergie erzeugen. Das Kernkraftwerk Palo Verde in der Nähe von Tonopah (Arizona) ist das leistungsstärkste amerikanische Kernkraftwerk. Jährlich produziert es 30.000 Gigawattstunden bzw. ausreichend Energie, um rund 4 Millionen Menschen mit Strom zu versorgen. Im Gegensatz zu Kohlekraftwerken findet in Kernkraftwerken keine Verbrennung statt (weshalb der Treibhausgasausstoß bei diesem Produktionsschritt entfällt). Allerdings verbrauchen die Förderung und Weiterverarbeitung von Uranerz viel Energie, ebenso wie die Brennstäbe des Kernreaktors. Statt durch Verbrennung Wärme zu erzeugen, wird das Uran kontrolliert gespalten (Fission). Bei diesem Verfahren wird Energie freigesetzt, die Wasser auf eine Temperatur von rund 270 Grad erhitzt und Dampf produziert, der schließlich zum Antrieb von Turbinen dient. Da das Kernkraftwerk Palo Verde abseits von größeren Gewässern liegt, bezieht es sein Kühlwasser aus Kläranlagen der umliegenden Gemeinden.

33.389158°N, 112.865096°W

Kohleabbau und Stromerzeugung

GEGENÜBER

Tagebau Jänschwalde

Schritt 1

In unmittelbarer Nähe des brandenburgischen Kraftwerks Jänschwalde befinden sich mehrere Braunkohle-Tagebaue. Braunkohle ist ein brennbares Sedimentgestein, das durch die natürliche Verdichtung von Torf (Inkohlung) entstanden ist. Die Kohle wird abgetragen und per Zug zum Kraftwerk gebracht; dort wird der fossile Brennstoff verbrannt, um im Dampfkraftwerk Strom zu erzeugen. Aufgrund der geringen Energiedichte von Braunkohle werden zur Verstromung große Mengen des Brennstoffs benötigt. Um entsprechend hohe Transportkosten zu vermeiden, liegen Tagebau und Kraftwerk in der Regel nah beieinander.

51.834380°N, 14.539700°O

DIESE SEITE

Kraftwerk Jänschwalde

Schritt 2

Oben links in diesem Bild sind Entladerampen für Kohlezüge zu erkennen. In den insgesamt sechs Kraftwerksblöcken von Jänschwalde werden pro Tag rund 80.000 Tonnen (72.575 metrische Tonnen) Braunkohle verfeuert. Da bei der Kohleverbrennung besonders viel Kohlendioxid freigesetzt wird, nämlich 30 Prozent der weltweiten durch Energieträger verursachten CO2-Emissionen, setzte die Bundesrepublik Deutschland 2018 eine Kommission ein, um den Kohleausstieg per Gesetz zu beschließen. Ziel ist es, die Nutzung von Kohle zur Erzeugung elektrischer Energie bis 2038 schrittweise einzustellen.

51.835861°N, 14.456122°O

Herstellung und Einsatz von Düngemitteln

DIESE SEITE

Florida – Phosphatabbau

Schritt 1

Hier sieht man eine aktive Phosphatmine außerhalb von Keysville (Florida, USA). In den USA werden jedes Jahr rund 30 Millionen Tonnen (27 metrische Tonnen) Phosphatgestein abgebaut – damit sind die Vereinigten Staaten nach China und Marokko der drittgrößte Phosphatproduzent weltweit. Phosphate werden insbesondere zur Düngemittelproduktion eingesetzt.

27.908000°N, 82.088400°W

GEGENÜBER

Kansas – Weizenanbau

Schritt 2

90 Prozent des abgebauten Phosphatgesteins werden als Dünger in der Landwirtschaft eingesetzt. Schließlich sind Phosphor, Stickstoff und Kalium die drei wichtigsten Nährstoffe für das Wachstum von Pflanzen. Ohne diese Substanzen würde der Energiestoffwechsel der Pflanzen nicht funktionieren. Wenn sie allerdings ins Abwassersystem gelangen, kann es zu Algenblüten kommen (siehe Red Tide in Miami, Seite 205). In der US-amerikanischen Agrarindustrie wird Phosphor überwiegend als Wachstumsverstärker für Weizen eingesetzt – ein Getreide mit stabiler Ernte, das vor allem im US-Bundesstaat Kansas angebaut wird. Auf der gegenüberliegenden Seite sieht man Kulturflächen nördlich von Copeland, größtenteils Weizenfelder, die mit Pivot-Beregnungssystemen bewässert werden.

37.631919°N, 100.706841°W

Produktion und Einsatz von Aluminium

VORHERIGE DOPPELSEITE

Paragominas – Bauxitmine

Schritt 1

Aluminium ist das dritthäufigste Element in der Erdkruste, allerdings kommt es in der Natur nicht als Metall vor. Um Aluminium zu gewinnen, muss man zunächst das Aluminiumerz Bauxit abbauen. In der Mine von Paragominas (Brasilien), die über eine der größten Bauxit-Lagerstätten des Landes verfügt, werden davon jedes Jahr mehr als 5 Millionen Tonnen (4,5 metrische Tonnen) gefördert.

3.241538°S, 47.695262°W

DIESE SEITE

Binzhou – Aluminiumhütte

Schritt 2

Die anschließende Aluminiumherstellung erfolgt in zwei Stufen: Aus Bauxit wird im sogenannten Bayer-Verfahren Aluminiumoxid hergestellt; dieses wird dann im Hall-Héroult-Prozess geschmolzen, um Reinaluminium zu erhalten. Beide Verfahren erfolgen in speziellen Fabriken, wie etwa der Aluminiumhütte von Binzhou (China). Mit einer jährlichen Produktionsleistung von 3,6 Tonnen (3,3 metrische Tonnen) ist dieses Werk die größte Aluminiumhütte der Welt.

37.372399°N, 117.897315°O

GEGENÜBER

Aluminiumbedachungen in Ansan

Schritt 3

Seine Leichtigkeit und Formbarkeit machen Aluminium vielseitig einsetzbar. Das Metall findet zum Beispiel Verwendung in Konservendosen, Alufolie oder auch in Flugzeugteilen. Hier sieht man die leuchtend blauen Aluminiumdächer von Jeongwangdong, ein Gewerbegebiet in Ansan (Südkorea). Durch seine Beständigkeit und geringen Materialkosten ist Aluminium auch als Baustoff sehr gefragt.

37.336147°S, 126.718587°O

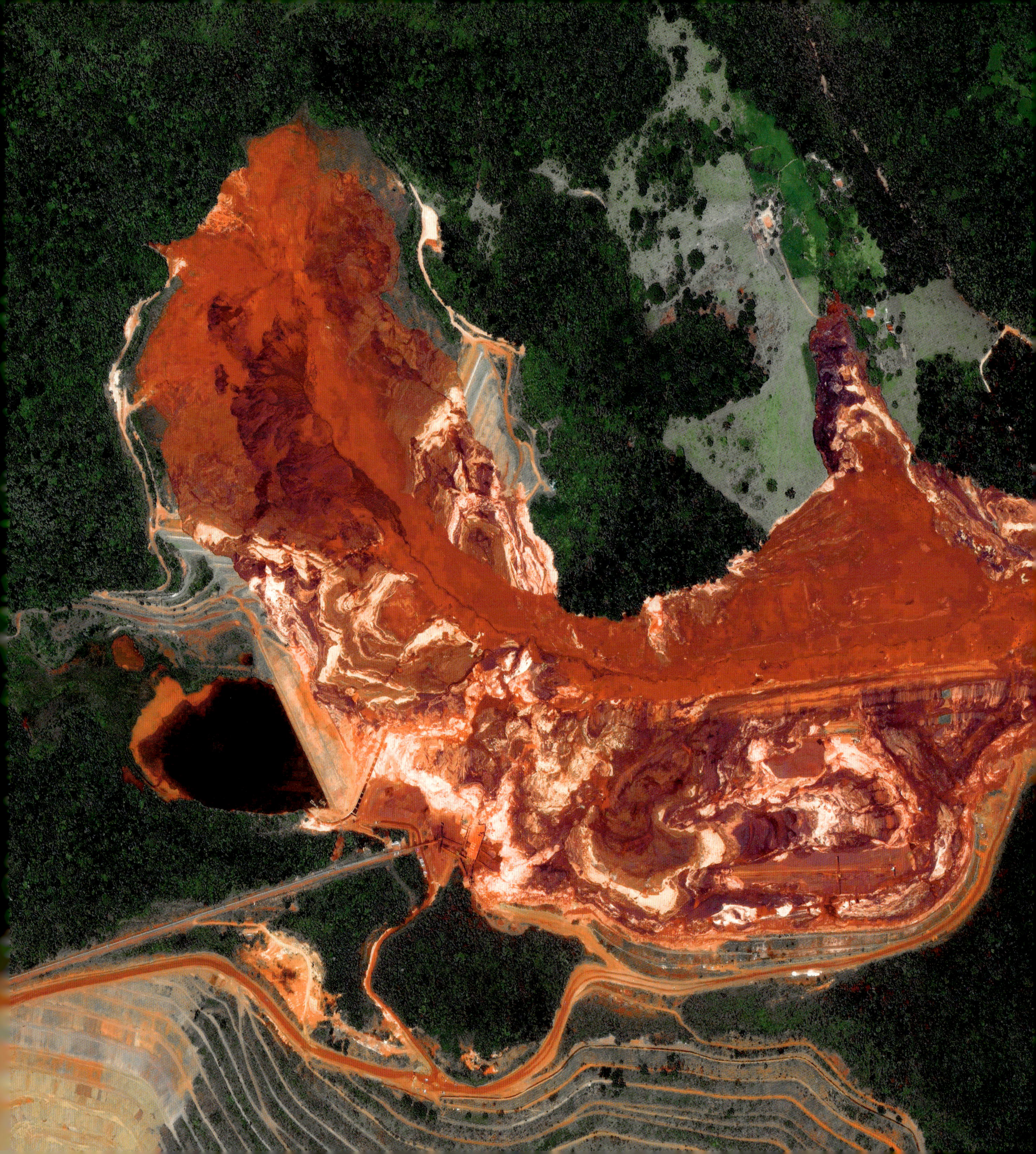

Dammbruch an einer Eisenerzmine

SEITE 186–187

Dammbruch von Brumadinho

Januar 2019

Eisenerz wird zu 98 Prozent zur Stahlerzeugung genutzt und spielt somit eine wichtige Rolle im Baugewerbe, im Automobilbau sowie bei der Fertigung von Haushaltsgeräten wie etwa Kühlschränken. Bei der Aufbereitung von Eisenerz fallen giftige Rückstände an, die in große Absetzbecken geleitet und eingedämmt werden. Am 25. Januar 2019 ereignete sich an einer Eisenerzmine in Brumadinho ein Dammbruch, der dazu führte, dass sich mehr als 11,7 Kubikmeter Rotschlamm, Schutt und giftige Rückstände in die Landschaft sowie in den Fluss Paraopeba ergossen. Die Schlammlawine tötete 259 Menschen, darunter vor allem Minenarbeiter, die an jenem Tag vor Ort waren. Dieses Satellitenbild wurde vier Tage nach dem Dammbruch aufgenommen.

20.125235°S, 44.127103°W

VORHERIGE DOPPELSEITE

Verschmutzung des Paraopeba

Vorher / Nachher

Durch das Stadtzentrum von Brumadinho schlängelt sich der durch den Dammbruch sichtbar verschmutzte Fluss Paraopeba. Normalerweise versorgt dieser rund 1,5 Millionen Menschen aus der brasilianischen Metropolregion Belo Horizonte mit Wasser. Örtliche Behörden schätzten, dass durch das Unglück Wasserwege von mehr als 300 Kilometer Länge betroffen sein würden; über die Flussbetten sickerten außerdem Giftstoffe wie Arsen, Quecksilber und saures Grubenwasser in die Erde.

20.146683°S, 44.156695°W

DIESE DOPPELSEITE

Ausmaß der Verunreinigung

März 2019

Diese Luftbildaufnahme, die 43 Tage nach dem Dammbruch entstand, veranschaulicht das gewaltige Ausmaß und die Folgen des Schlammlawinen-Unglücks. Der hier gezeigte Stausee liegt rund 240 Kilometer flussabwärts des beschädigten Staudamms von Brumadinho und ist, wie die Färbung in Orange offenbart, immer noch verunreinigt.

18.939529°S, 44.803545°W

Kunststoffproduktion und Fracking

DIESE SEITE

Wisconsin – Sandgrube

Schritt 1

Dieses Bild zeigt eine Sandgrube in Chetek (Wisconsin, USA). Da Sand mittlerweile auch zur Erdgasförderung eingesetzt wird (Hydraulic Fracturing, kurz Fracking), entstanden in dieser Region immer mehr Abbaugebiete. Beinahe die Hälfte des *frac sand*, den die USA in den letzten Jahren produziert hat, stammt aus Wisconsin. Der Sand von dort ist rundkörnig, fest und kieselsäurehaltig, weshalb er sich besonders gut zum Fracking eignet.

45.257137°N, 91.641976°W

GEGENÜBER

Oklahoma – Fracking-Bohrplätze

Schritt 2

Beim Fracking-Verfahren wird Sand, vermischt mit Wasser und Chemikalien, unter Hochdruck in die Erde gepresst. Durch den entstandenen Druck bricht die Erde auf, sodass Erdöl oder Erdgas aus den darunterliegenden Gesteinsschichten zum Bohrloch fließen und an die Oberfläche befördert werden können. Erdgas ist ein wichtiger Bestandteil der petrochemischen Industrie, die auf Seite 194 beschrieben wird. In den USA stieg die Anzahl der Fracking-Bohrplätze von 23.000 im Jahr 2000 auf 300.000 im Jahr 2015 an. Besonders bemerkbar machte sich dieser Aufschwung in Oklahoma, wo reihenweise Bohrplätze, wie dieser hier in der Nähe von Leedey, entstanden sind. Seit einigen Jahren kommt es in Oklahoma allerdings vermehrt zu Erdbeben. Während man vor der Verbreitung des Frackings durchschnittlich zwei Beben pro Jahr zählte, waren es in den Jahren von 2010 bis 2019 jeweils mehrere Hundert im Jahr. Ein Höchstwert wurde 2015 mit 903 Erdbeben erreicht.

35.738824°N, 99.565435°W

1997

2001

2009

2015

VORHERIGE UND DIESE DOPPELSEITE

Vergrößerung der Athabasca-Ölsande

2019 / 1997–2015 / 2019

Die Athabasca-Ölsande (Kanada) haben weltweit den höchsten Bitumenanteil. Bitumen ist ein zähflüssiges bis festes Erdöl, das in einem Sand-Lehm-Wasser-Gemisch enthalten ist. Es abzubauen und vom Sand zu trennen, verbraucht äußerst viel Energie, weshalb dabei mehr Emissionen als bei anderen Formen der Erdölgewinnung entstehen. Im Athabasca-Revier hat man große Absetzbecken angelegt, um die als Tailings bezeichneten Rückstände aus der Ölsandaufbereitung sicher zu lagern. Das hier gezeigte Becken erstreckt sich über 10 Quadratkilometer. Obwohl die Anlage seit den 1990er-Jahren beständig vergrößert wurde – auf mittlerweile rund 260 Quadratkilometer –, ist im Athabasca-Revier immer noch genügend Ölsand vorhanden, um über einen Zeitraum von 186 Jahren 2,5 Millionen Barrel Öl pro Tag zu produzieren.

57.020000°N, 111.650000°W

REAKT

IONEN

„Wir haben vergessen, dass die Welt, in der wir leben und deren Beständigkeit wir für selbstverständlich erachten, viel älter und viel mächtiger ist als wir selbst [...] Während wir einst die kleinsten Veränderungen scheuten, haben wir heute die Weichen für einen ökologischen Wandel gestellt, der größer und unberechenbarer sein wird als alles, was wir je erlebt haben."

—Marcia Bjornerud

VORHERIGE DOPPELSEITE

Hurrikan Michael – Schäden

2018

Am 10. Oktober 2018 traf Hurrikan Michael mit einer Windgeschwindigkeit von bis zu 249 Kilometern pro Stunde auf die Küste der USA und richtete in Mexico Beach (Florida) gigantischen Schaden an. Zwei Tage später wurde dieses Bild aufgenommen. Der Wirbelsturm der Kategorie 5 ging als drittstärkster und viertschnellster Sturm in die US-Geschichte ein. Laut Experten wird es bedingt durch die globale Erwärmung künftig zwar nicht unbedingt mehr Hurrikane geben, aber wohl mehr Stürme der Kategorien 4 oder 5, die höhere Windgeschwindigkeiten und stärkere Niederschläge mit sich bringen.

29.941389°N, 85.406389°W

GEGENÜBER

Great Barrier Reef – Korallenbleiche

2018

Das Great Barrier Reef vor der Nordostküste Australiens setzt sich aus mehr als 2.900 Einzelriffen zusammen und ist mit einer Länge von rund 2.250 Kilometern die weltweit größte Ansammlung von Ökosystemen. In der Vergangenheit war das Riff wiederholt von schlimmen Korallenbleichen betroffen – eine Hiobsbotschaft für Australien. Grund dafür ist die Erwärmung der Erde, die zu 93 Prozent von den Weltmeeren absorbiert wird. Dadurch erhöht sich die Temperatur der Ozeane und sie drohen zu versauern. Korallen leben in Symbiose mit Einzellern, die bis zu 90 Prozent ihres Nährstoffbedarfs decken. Bei zu hohen Wassertemperaturen stoßen sie diese Algen jedoch ab und verlieren in der Folge ihre Farbe. Häufig führt dieses Ausbleichen auch zum Absterben der Koralle. Im Jahr 2016 verlor das Great Barrier Reef infolge einer Massenkorallenbleiche rund 30 Prozent seiner Korallenbestände; weltweit traten zwischen 1980 und 2016 doppelt so viele Korallenbleichen auf wie zuvor.

21.666530°S, 152.235135°O

Natur

Das drastische Wachstum von Städten und Infrastrukturen, der hohe Konsum, die exzessive Nutzung natürlicher Ressourcen, das erhöhte Abfallaufkommen – all diese Phänomene sind eine Folge der explosionsartigen Entwicklung unserer Zivilisation und bringen die Ökosysteme unseres Planeten ins Wanken. Jede unserer Aktionen zieht eine Reaktion nach sich. Im Verlauf der Geschichte hat sich unser Planet immer wieder erwärmt und abgekühlt. Doch erstmals hat eine Spezies, nämlich der Mensch, diesen Zyklus im Alleingang verändert. Extreme Wetterlagen gab es bis zu einem gewissen Grad auch früher schon; nur wissen wir heute, dass unser Verhalten solche Anomalien nachweislich verstärkt. Extreme Temperaturen, Überschwemmungen, lange Trockenzeiten, verheerende Waldbrände und das Aussterben ganzer Arten führen uns vor Augen, dass sich manche Vorgänge auf der Erde schlicht unserer Kontrolle entziehen.

Jedes Mal, wenn wir fossile Brennstoffe zur Energiegewinnung nutzen, wenn wir Land für den Ackerbau oder die Viehzucht urbar machen, gelangen Kohlendioxid, Methan und Stickstoffoxid in die Luft. Es ist eine Ironie des Schicksals, dass jene Treibhausgase für das milde Klima verantwortlich sind, in dem unsere Zivilisation gedeihen konnte, und dass sie jetzt, in hoher Konzentration, eine unmittelbare, äußere Bedrohung darstellen. Scheint die Sonne auf die Erdoberfläche, nehmen der Boden und auch das Wasser einen Teil dieser Wärme in sich auf. Die restliche Strahlung wird reflektiert und gelangt zurück in die Atmosphäre. Die Treibhausgase, die wir seit Jahrzehnten in die Atmosphäre ausstoßen, bremsen und speichern einen Teil der reflektierten Strahlung – mit der Konsequenz, dass sich Landmassen und Ozeane auf der Erde stärker erwärmen.

Allzu offensichtlich lässt sich die globale Erwärmung am steigenden Meeresspiegel beobachten. Da das Wasser auf der Erdoberfläche überschüssige Hitze absorbiert, steigen die Wassertemperaturen an und bringen immer mehr (teils vor Jahrtausenden entstandenes) Eis zum Schmelzen. Schmilzt das Meereis oder auch das Eis auf dem Festland und fließt ins Meer, dann steigt der Wasserspiegel, und Küstenregionen, in denen 90 Prozent unserer Siedlungen liegen, geraten in Gefahr. Wärmere Luft hat außerdem zur Folge, dass in Wolken mehr Feuchtigkeit gespeichert wird, was zu heftigen Unwettern und in der Folge zu Überschwemmungen und Erdrutschen führen kann. Umgekehrt bedingt der Temperaturanstieg auch Dürreperioden, die unsere Gesundheit, unsere Nahrungsvorräte und die Grundpfeiler unserer Zivilisation bedrohen. Zwar sind die auf der Erde lebenden Organismen und Lebewesen, uns Menschen eingeschlossen, sehr robust, doch so schnell, wie wir den Planeten und dessen Klima verändern, kann sich die Natur unmöglich anpassen. Es ist also höchste Zeit, dass wir unseren ökologischen Fußabdruck verringern und verstärkt in Technologien investieren, die weniger Kohlenstoff freisetzen oder ihn sogar der Atmosphäre entziehen. Wenn wir aber weiterhin nur darüber reden, welche Auswirkungen unser Verhalten hat, statt tatsächlich zu handeln, dann wird sich der Planet – frei nach dem Prinzip „Aktion gleich Reaktion" – auch weiter verändern.

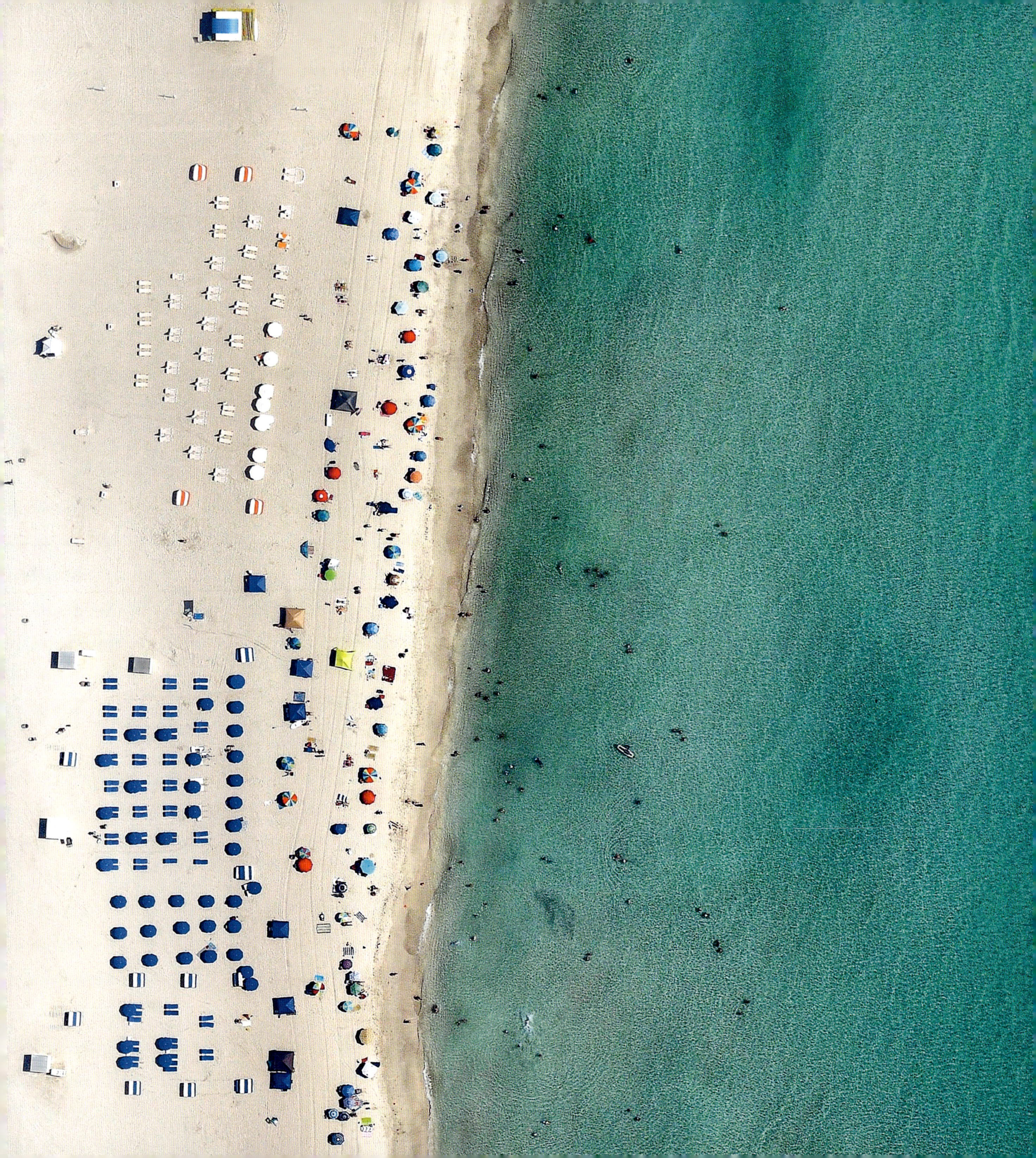

VORHERIGE DOPPELSEITE

Miami – Red Tide

Mai 2017 / Juni 2018

2018 kam es in den Gewässern vor Miami (Florida, USA) zu einer toxischen Algenblüte, woraufhin mindestens sechs öffentliche Badestrände gesperrt werden mussten. Durch das massenhafte Auftreten der dunklen Algen trübte sich das ansonsten klare Wasser – daher der Name Red Tide. Die Ursachen dieser „Roten Flut" lassen sich nicht exakt bestimmen, allerdings tritt sie häufig infolge starker Unwetter auf. Auch Abwasser aus der Landwirtschaft, das große Mengen Dünger in die Meere spült, könnte die Algenblüten verstärken. Die betreffende Alge, *Karenia brevis*, ist für Meerestiere und Menschen gleichermaßen gefährlich; sie produziert Giftstoffe, die das Nervensystem schädigen und die Atemwege reizen. Je nach Wassertemperatur, Sonneneinstrahlung, Salzgehalt, Windgeschwindigkeit und Meeresströmung variiert die Dauer der Algenblüte zwischen wenigen Wochen und einem Jahr.

25.793326°N, 80.126459°W

DIESE DOPPELSEITE

Chicago – Polarwirbel

Vorher / Nachher

Polarwirbel sind kalte dichte Luftmassen über dem Nord- und dem Südpol. Da es in der Arktis zunehmend wärmer wird, strömte diese eiskalte Luft 2019 bis nach Chicago (Illinois, USA) und bescherte der Stadt den kältesten Winter seit über 30 Jahren. Mit -39 Grad wurde in der Gemeinde Mount Carroll sogar die niedrigste Temperatur seit Beginn der Wetteraufzeichnung gemessen. Wie man hier sehen kann, bildeten sich auf dem Lake Michigan in Chicago dicke Eisbrocken. Da die Temperaturen in der Arktis weiter steigen, könnten der mittlere Westen sowie der Nordosten der USA in Zukunft noch häufiger von Polarwirbeln heimgesucht werden.

41.833392°N, 88.012140° W

VORHERIGE DOPPELSEITE

Camp Fire

8. November 2018

Camp Fire war einer der verheerendsten und tödlichsten Waldbrände in der Geschichte der USA. Zwischen dem 8. und 25. November 2018 fielen dem Feuer über 62.000 Hektar von Nordkalifornien (USA) zum Opfer, mehr als 18.000 Gebäude wurden zerstört und 86 Menschen getötet. Angefacht durch starke Winde, vernichteten die Flammen innerhalb einer Minute bis zu 18 Hektar Wald, also etwa ein Fußballfeld (91 Meter) in zwei Sekunden.

39.654918°N, 121.456205°W

DIESE SEITE UND GEGENÜBER

Camp Fire – Folgen

Vorher / Nachher

Die Stadt Paradise (Kalifornien, USA) wurde von Camp Fire mit voller Wucht getroffen. Diese Vorher-Nachher-Bilder zeigen, wie eine ganze Wohnwagensiedlung durch die sich rasch ausbreitenden Flammen verwüstet wurde. Normalerweise beträgt die Niederschlagsmenge in Paradise in den Sommermonaten 127 Liter pro Quadratmeter; 2018 aber fielen in den Monaten Mai bis November gerade einmal 3,6 Liter.

39.783549°N, 121.591681°W

VORHERIGE DOPPELSEITE

Buschbrände in Australien

31. Dezember 2019

Auf der vorherigen Doppelseite sieht man, wie Buschbrände im Bundesstaat New South Wales (Australien) eine Fläche von 12.950 Quadratkilometern vernichteten. Dabei zeigt dieses Foto nur einen Bruchteil des Megabrandes, der sich seit September 2019 über insgesamt 98.420 Quadratkilometer Buschland ausgebreitet hatte. In der betroffenen Region wachsen vor allem Eukalyptusbäume. Verbrennen diese, werden ätherische Öle freigesetzt und es bilden sich Glutnester, die rasch auf andere Teile des Waldes überspringen können. Hinzu kommt als weiterer Faktor der Klimawandel: 2019 war es in Australien so heiß wie noch nie zuvor; gleichzeitig fiel so wenig Regen wie seit 1900 nicht mehr – es herrschten also ideale Bedingungen für einen Waldbrand. Erst im Februar 2020, also nach 240 Tagen, setzten sintflutartige Regenfälle der Waldbrandsaison in Australien ein Ende.

35.336600°S, 150.470500°O

DIESE DOPPELSEITE

Buschbrände aus dem Weltall betrachtet

1. Januar 2020

Alle zehn Minuten macht der Satellit *Himawari-8* ein Bild von der Erde aus 35.406 Kilometern Entfernung. Am 1. Januar 2020 hielt er diese riesige, durch Australiens Buschbrände verursachte Rauchwolke fest. Der Rauch schwebte über dem Pazifik und gelangte schließlich bis nach Südamerika.

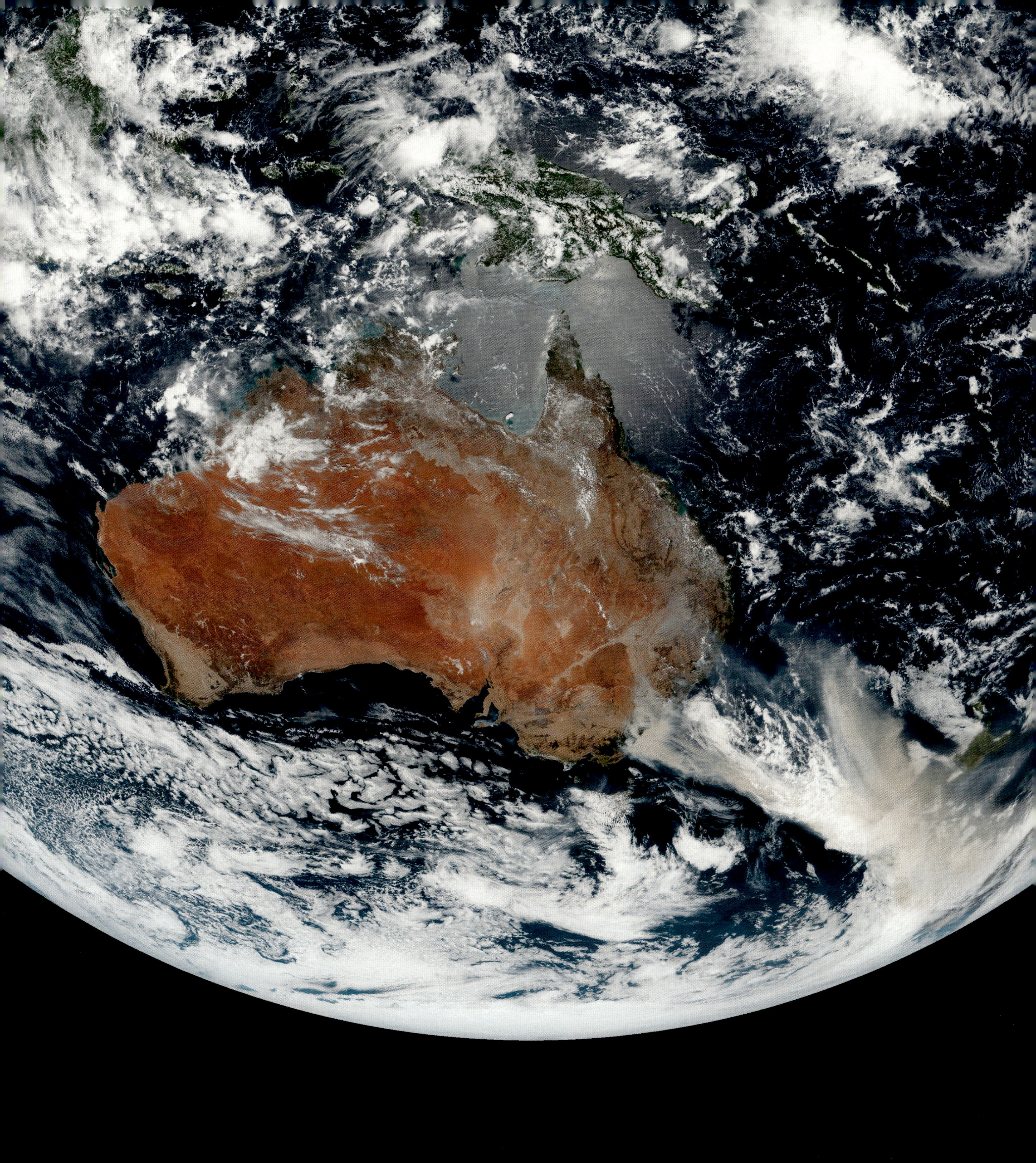

VORHERIGE UND DIESE DOPPELSEITE

Kapstadt – Wasserkrise

April 2014 / April 2018

Im Jahr 2018 drohte der Millionen-Metropole Kapstadt (Südafrika) als erster Großstadt der Welt eine schwere Wasserknappheit. Wie ernst die Lage tatsächlich war, schildern die Vorher-Nachher-Bilder auf der vorherigen Doppelseite. Zu sehen ist die Austrocknung des Theewaterskloof-Damms, dem größten Reservoir Kapstadts, aus dem die Stadtbewohner knapp die Hälfte ihres Wassers beziehen. Das rechte Bild zeigt, wie stark der Wasserspiegel des Stausees gesunken ist.

Berichten zufolge wurde die Wasserkrise durch mehrere Faktoren ausgelöst: durch eine 3 Jahre andauernde Dürre, die die Wasservorräte der Stadt schwinden ließ, durch den steigenden Bedarf einer wachsenden Bevölkerung und schließlich durch das mangelhafte kommunale Wassermanagement. Hätte es tatsächlich eine „Stunde Null“ gegeben, wäre die zentrale Wasserversorgung gekappt worden und die Einwohner Kapstadts hätten sich ihre tägliche Ration (maximal 25 Liter pro Person) an insgesamt rund 200 Sammelstellen abholen müssen. Doch glücklicherweise fiel gegen Ende des Jahres ergiebiger Regen und die Situation entspannte sich wieder.

34.078056°S, 19.286978°

SEITE 220–223

Nebraska / Iowa – Überschwemmungen

August 2018 / März 2019

Im März 2019 kam es in den US-Bundesstaaten Nebraska und Iowa zu katastrophalen Überschwemmungen. Heftiger Schneefall, die anschließende Schneeschmelze sowie schwere Regengüsse hatten den Missouri River über die Ufer treten lassen. Die Monate Januar bis Mai 2019 waren die niederschlagsreichsten Monate der US-Geschichte; 2.000 Häuser, 340 Firmen und weite Landstriche wurden verwüstet. Im Mittleren Westen erreichte der Wasserpegel an 42 Stellen einen Höchststand, und mehr als 404.686 Hektar Ackerland wurden überschwemmt. Während des letzten Jahrhunderts ist die jährliche Niederschlagsmenge im Mittleren Westen um 10 Prozent angestiegen (der landesweite Durchschnitt erhöhte sich unterdessen um 7 Prozent). Durch die steigenden Temperaturen kann die Luft mehr Feuchtigkeit speichern und sie auch unversehens wieder abgeben, was zu zunehmend extremen, unberechenbaren Wetterereignissen führt.

41.021611°N, 95.849611°W

DIESE DOPPELSEITE

Bruch des Oroville-Staudamms

2012 / 2017

Der Oroville-Staudamm in Kalifornien verfügt neben einem Überlauf über einen darunterliegenden Abflusskanal, der im Februar 2017 stark beschädigt wurde. Durch rekordverdächtige Niederschläge war der Wasserspiegel des Stausees stetig angestiegen, sodass die zuständige Behörde gezwungen war, das Wasser weiter über den beschädigten Abflusskanal abzulassen. Wegen des hohen Wasserdrucks riss das Loch im Beton jedoch immer weiter auf, bis schließlich die gesamte untere Hälfte der Rinne wegbrach. Stromabwärts konnten die Uferbefestigungen den Wassermassen nicht mehr standhalten; zahlreiche Ackerflächen wurden überflutet. Da man befürchtete, dass auch der Überlauf des Staudamms brechen könnte, mussten entlang des Feather River mehr als 188.000 Menschen zeitweise ihre Häuser verlassen. Schätzungen zufolge (Stand: September 2018) belaufen sich die Reparaturkosten in Oroville auf 1,1 Milliarden Dollar.

39.539222°N, 121.496833°W

DIESE DOPPELSEITE

Sacha – Abschmelzen des Permafrostes

2018

Auf dem Dauerfrostboden im russischen Sacha (auch bekannt als Jakutien) wachsen Flechten und Moose in prächtigen Farben. Die sibirische Republik Sacha, in der im Januar durchschnittlich −40,7 Grad gemessen werden, zählt zu den kältesten Regionen der Erde. Doch während der letzten Jahrzehnte ist die jährliche Durchschnittstemperatur um 2,5 Grad angestiegen, von −10 auf −7,5 Grad. Das milde Wetter hat zur Folge, dass der örtliche Permafrostboden – eine große Bodenfläche, die das ganze Jahr über gefroren ist – auftaut und abschmilzt. Bei dem Tauvorgang wird Methan freigesetzt, das unseren Planeten 84-mal schneller erwärmt als Kohlenstoffdioxid in einem Zeitraum von 20 Jahren. Allein im Jahr 2013 hat das Abschmelzen des Permafrostes mutmaßlich 18,7 Millionen Tonnen (17 Millionen metrische Tonnen) Methan gelöst. Zum Vergleich: 2006 waren es schätzungsweise 4,2 Millionen Tonnen (3,8 metrische Tonnen).

67.918400°N, 147.060800°O

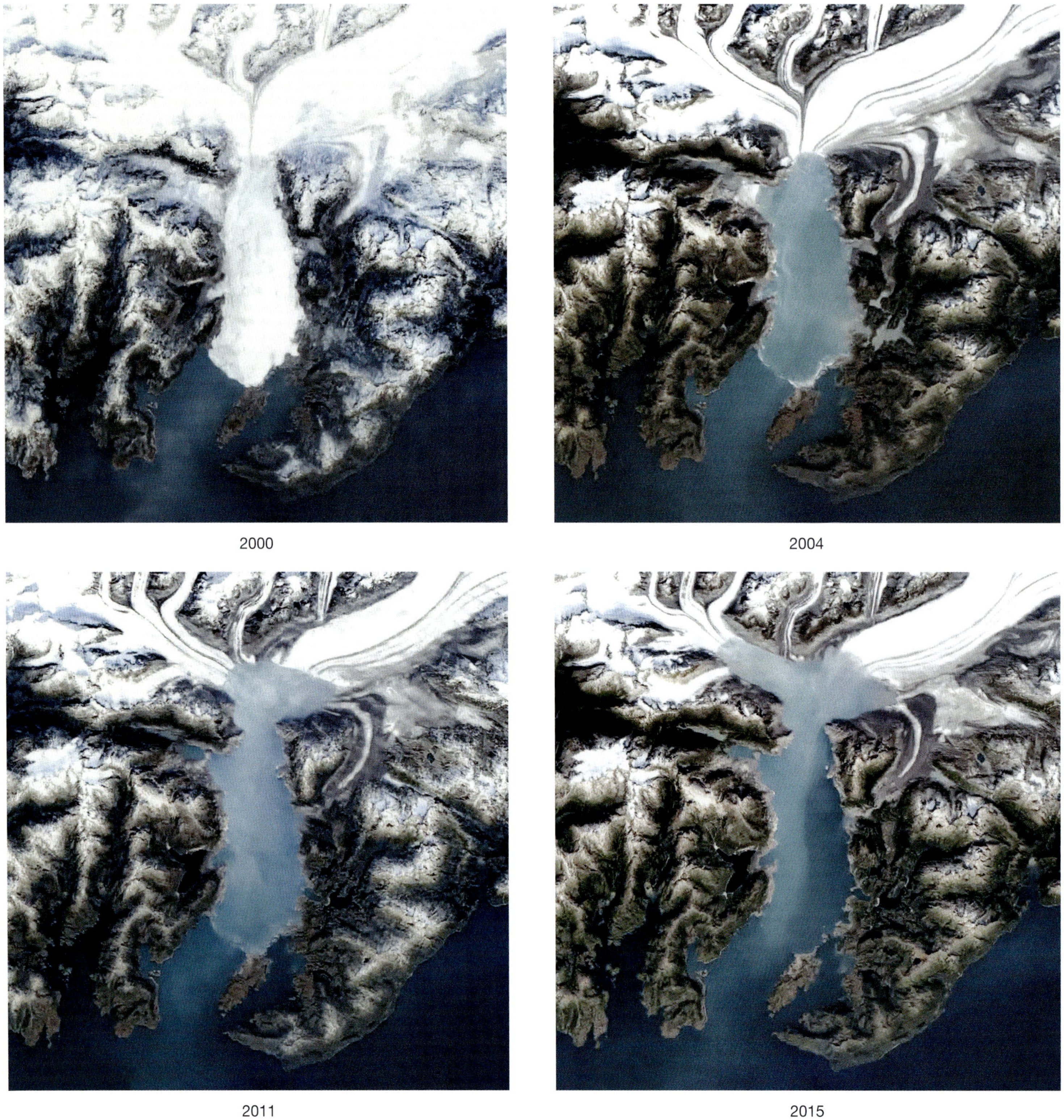

VORHERIGE UND DIESE DOPPELSEITE

Schwund des Columbia-Gletschers

2019 / 2000–2019

Der Columbia-Gletscher im Südosten Alaskas verzeichnet wie auch andere Gletscher einen dramatischen Rückgang. Seit den 1980er-Jahren hat er über die Hälfte seines Volumens verloren und sich um mehr als 19 Kilometer Richtung Norden zurückgezogen. 2008 war der Gletscher bereits so weit zurückgegangen, dass er sich in zwei kleinere Zungen aufspaltete, die seither weiter kalben, also abbrechen und sich verästeln. Natürlich lässt sich der Rückgang des Gletschers auf die Klimaerwärmung zurückführen; doch auch das Abschmelzen der Gletscherzunge hat erheblich dazu beigetragen, dass die Eisfläche instabil wurde und sich in der Folge stark verkleinerte.

61.219722°N, 146.895278°W

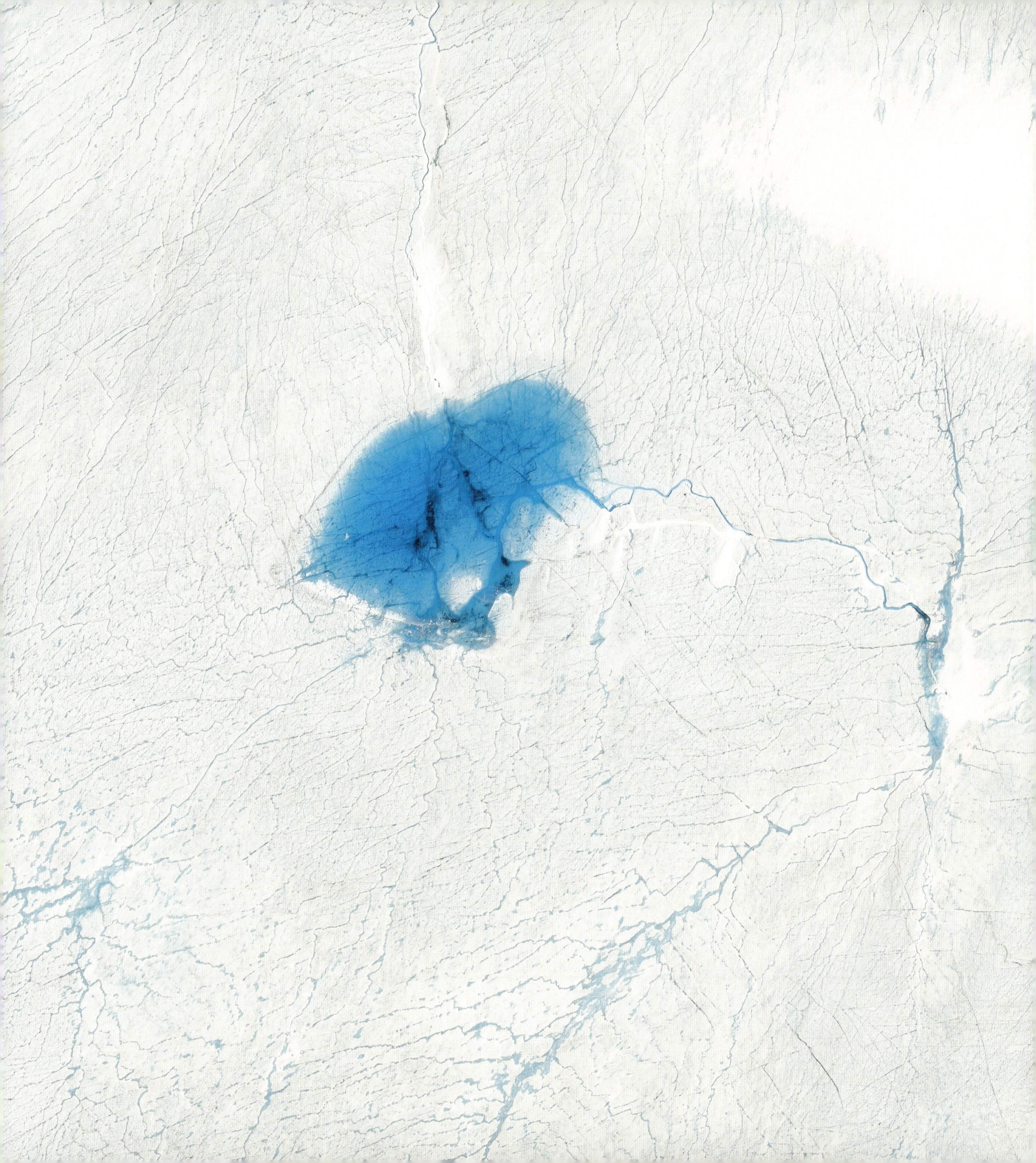

VORHERIGE UND DIESE DOPPELSEITE

Grönland – vorzeitige Schmelze des Eisschildes

8. Juni 2019 / 10. Juni 2014 / 15. Juni 2016

Grönlands Eisschild schmilzt heute rund siebenmal schneller als noch in den 1990er-Jahren – damals waren es durchschnittlich noch 33 Milliarden Tonnen (29,9 Milliarden metrische Tonnen) Eis pro Jahr; inzwischen liegt der Wert bei 254 Milliarden Tonnen (230 Milliarden metrische Tonnen). Im Frühling und Sommer bricht die weiße Eisdecke stellenweise auf und lässt blaue Wasserläufe und Seen zum Vorschein kommen. Da das geschmolzene Eis vom Festland direkt ins Meer fließt (im Unterschied zu Eisschollen, die den Großteil der arktischen Eismasse ausmachen), steigt der Meeresspiegel in der Folge rapide an.

2016 wurden in Grönland außergewöhnlich hohe Temperaturen verzeichnet, am 9. Juni 2016 beispielsweise 23,8 Grad in der Hauptstadt Nuuk – der höchste Wert, der dort jemals im Juni gemessen wurde. Die beiden Aufnahmen von Juni 2014 (oben) bzw. Juni 2016 (gegenüber) lassen die drastische Veränderung der Eisdecke erkennen. Wissenschaftler gehen davon aus, dass der Rückgang des Eisschilds in Grönland zu 50 Prozent durch die Erderwärmung verursacht wurde (von der die Arktis besonders stark betroffen ist). Die anderen 50 Prozent sind auf den Temperaturanstieg der Ozeane zurückzuführen, der das Abfließen der Gletscher ins Meer beschleunigt.

69.621400°N, 49.758500°W

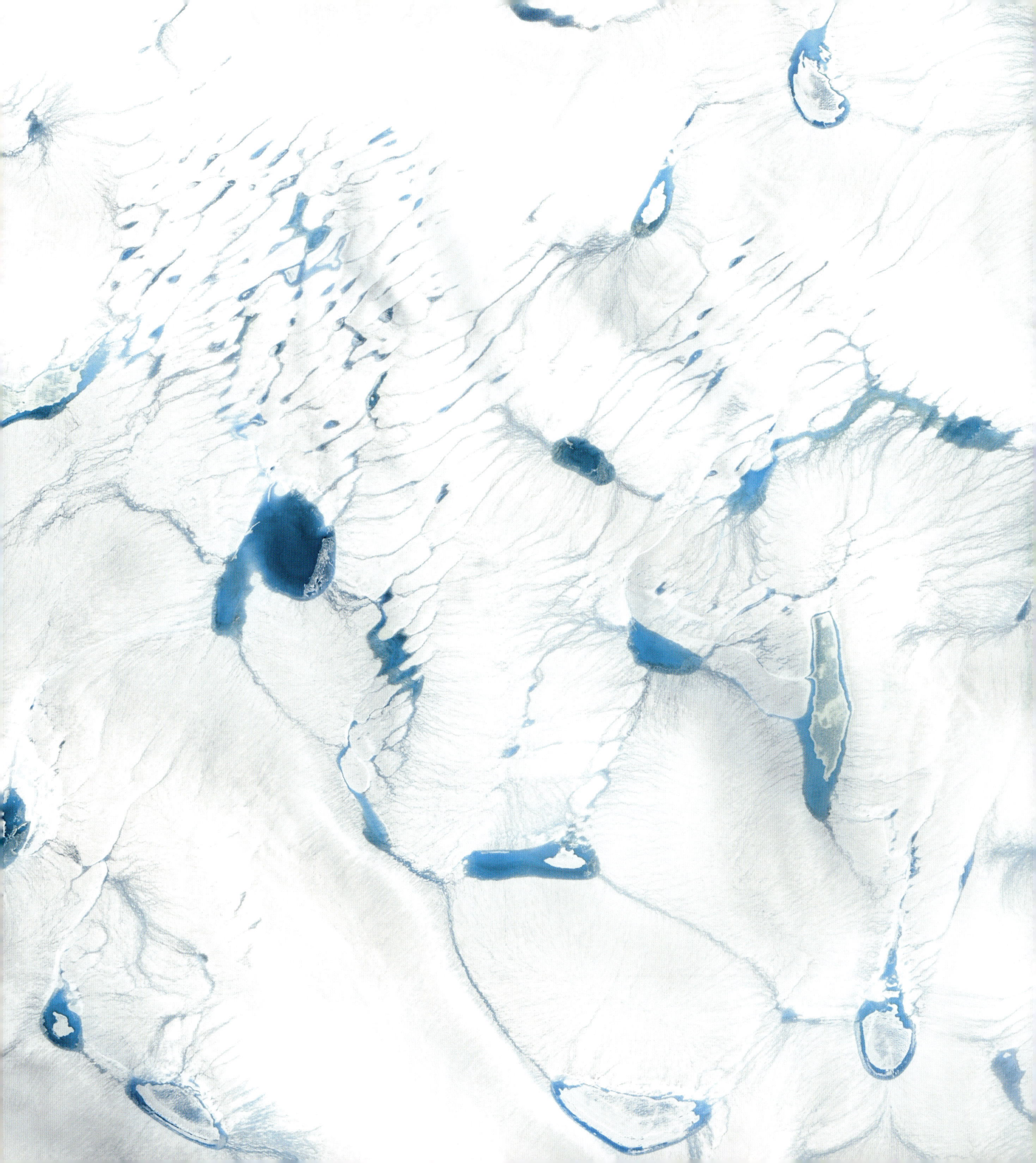

VORHERIGE DOPPELSEITE

Rückgang des antarktischen Meereises

2019

Rund 64 Kilometer vor der antarktischen Küste besteht das Meereis nur noch aus unzähligen Eisblöcken. Während sich das Eis der Antarktis im Winter Richtung Norden ausdehnt, zieht es sich im Sommer fast bis zur Küstenlinie zurück. Es handelt sich dabei um gefrorenes Meerwasser mit einer durchschnittlichen Dicke von 0,9 bis 1,8 Meter. Meereis ist also sehr viel dünner als Eisschollen, die aus Gletschereis bestehen, im Meer umhertreiben und bis zu einem Kilometer in die Tiefe ragen. In den 1980er-Jahren verlor die Antarktis jedes Jahr rund 40 Milliarden Tonnen (36,3 Milliarden metrische Tonnen) Eis. Im vergangenen Jahrzehnt waren es schätzungsweise 252 Milliarden Tonnen (229 Milliarden metrische Tonnen) Eis pro Jahr! Bei der Eisschmelze werden Ruß- und Schmutzpartikel freigelegt, wodurch das Meerwasser trüber und dunkler wird. Dunkle Oberflächen absorbieren mehr Wärme, was wiederum den Prozess der Erderwärmung beschleunigt, der für die Eisschmelze verantwortlich ist – ein Teufelskreis.

65.539300°S, 101.884100°O

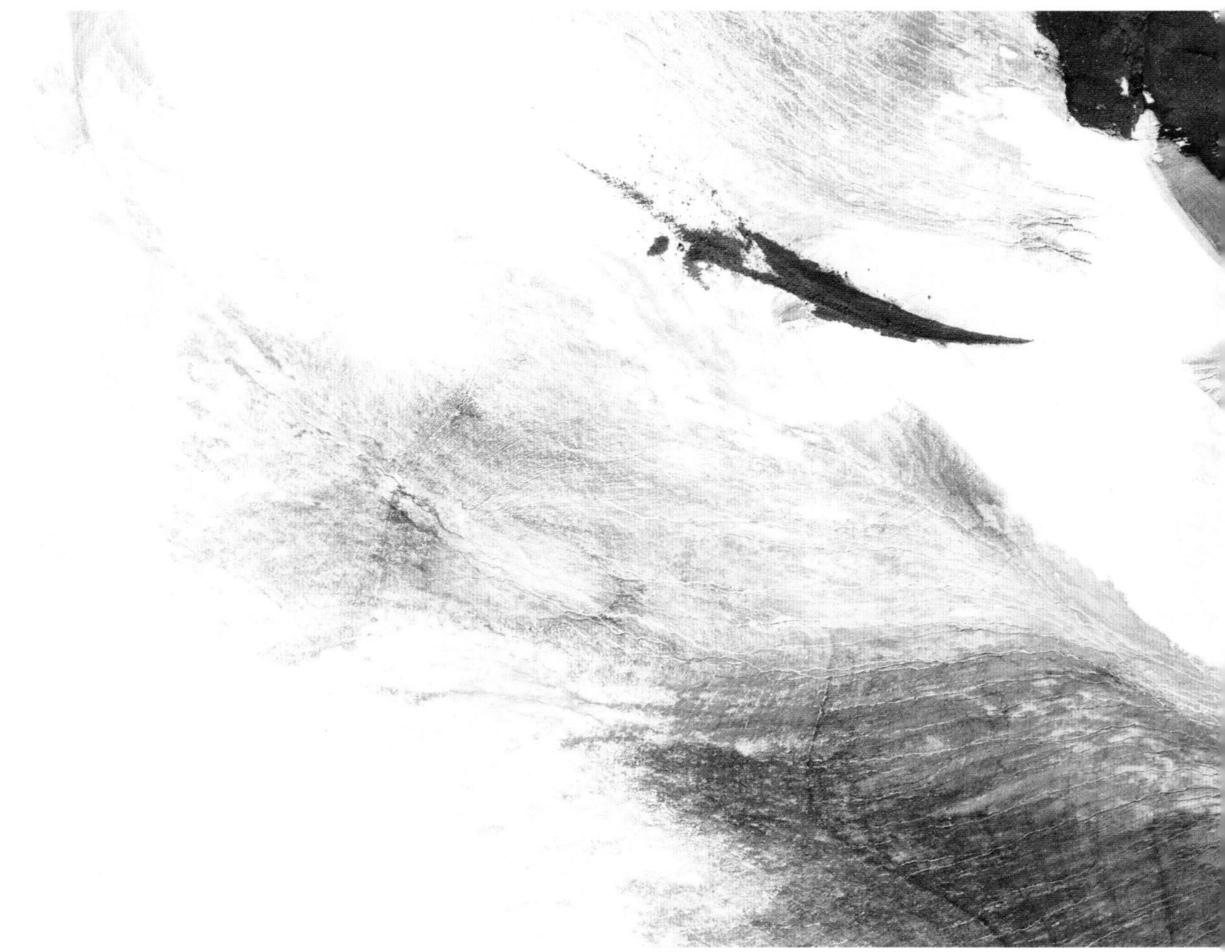

DIESE DOPPELSEITE

Eisschmelze an der Esperanza-Station

September 2019 / Februar 2020

Hier sieht man die Eis- sowie Schneeschmelze an der Esperanza Base, einer argentinischen Forschungsstation in der Antarktis. Am 6. Februar 2020, einen Tag bevor dieses Bild entstand, wurde dort eine neue Rekordtemperatur von 18,3 Grad gemessen; es war also fast genauso warm wie zur selben Zeit in Los Angeles. Die antarktische Halbinsel erwärmt sich schneller als andere Regionen der Erde: Allein während der letzten 50 Jahre sind die durchschnittlichen Temperaturen dort um knapp 3 Grad angestiegen.

63.398131°S, 56.997277°W

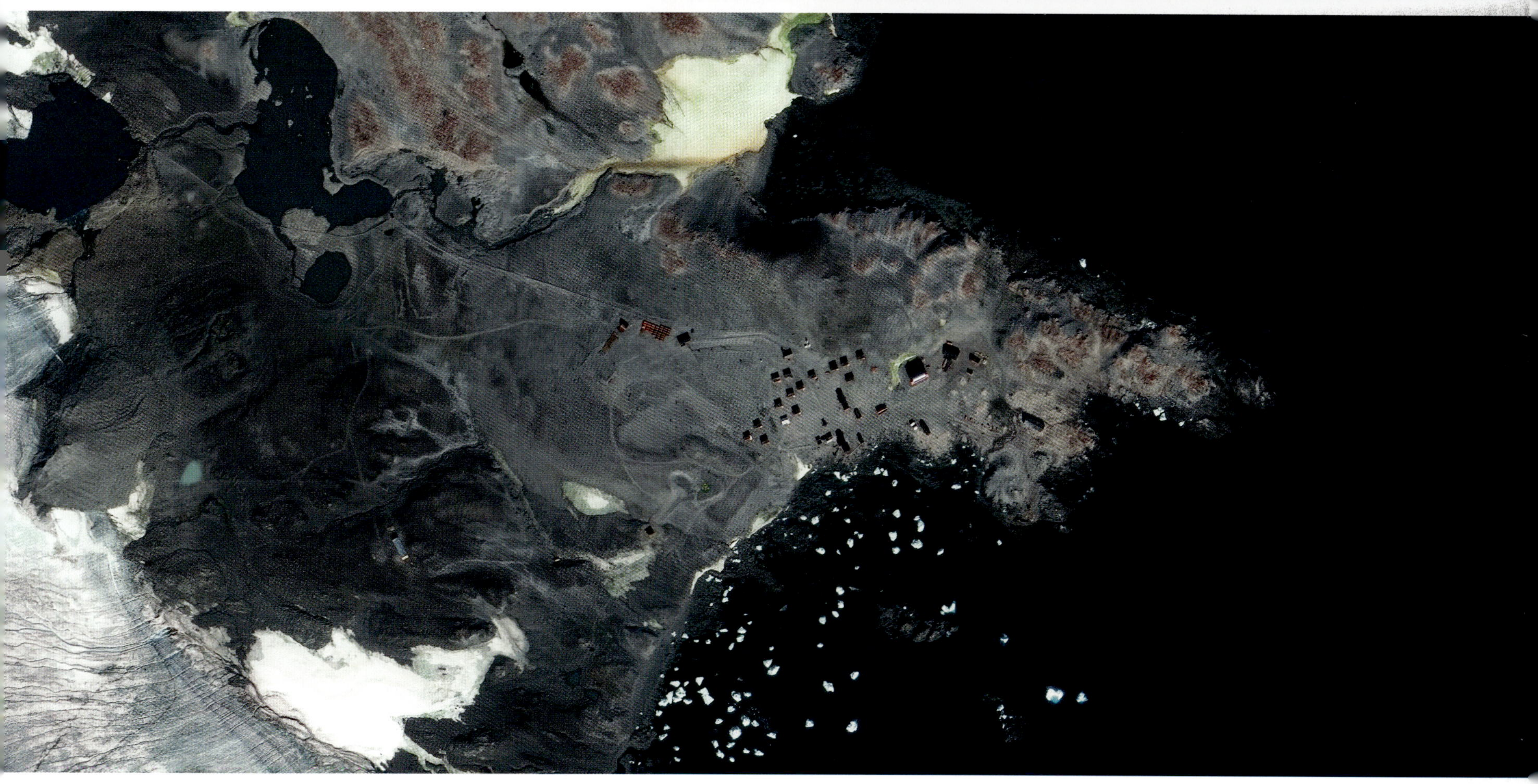

„Die Klimakrise ist bereits gelöst. Wir haben bereits alle Fakten und Lösungen. Alles, was wir tun müssen, ist aufwachen und uns verändern."

—Greta Thunberg

Mensch

Die ersten Menschen auf der Erde konnten keinesfalls ahnen, wie rasant und tiefgreifend unsere Spezies die Welt verändern würde. Noch bis vor Kurzem gab es kaum einen Grund, über den Klimawandel zu diskutieren. Doch inzwischen dürfte wohl jedem klar sein, dass unser Verhalten dramatische Folgen hat und heftige Reaktionen der Umwelt nach sich zieht. So stehen etwa diverse Katastrophen und Migrationsbewegungen der letzten 10 Jahre im direkten Zusammenhang mit dem Klima. Nicht jeder mag davon persönlich betroffen sein. Eine globale Krise wie die Corona-Pandemie von 2020/21 zeigt jedoch, dass gewisse Phänomene nicht nur einzelne Nationen oder Regionen erschüttern können, sondern eine kollektive Bedrohung darstellen.

Die folgenden Bildbeispiele veranschaulichen, wie die Menschheit auf den Gegenschlag der Umwelt reagiert – einer Umwelt wohlgemerkt, die wir selbst mitgestaltet haben. Die vermehrte Nutzung kohlenstoffarmer Energiequellen oder ein umweltfreundliches Bauen sind nur zwei von vielen Maßnahmen, um unsere eigene und die Zukunft unseres Planeten zu sichern. Es wird bereits grenzübergreifend daran gearbeitet, Probleme wie die Wüstenbildung oder den Anstieg des Meeresspiegels in den Griff zu bekommen. Zwischen den einzelnen Ländern herrscht dabei große Kooperationsbereitschaft. Insofern könnte die Klimakrise tatsächlich ein Ansporn für die Weltgemeinschaft sein, so intensiv zusammenzuarbeiten wie noch nie zuvor.

Bis die entsprechenden Pläne ausgereift sind, bis Einigkeit herrscht und Ergebnisse zu sehen sind, wird es noch einige Zeit dauern. Deshalb müssen wir uns gleichzeitig um gegenwärtige Probleme kümmern und auf künftige Wetterereignisse vorbereitet sein. Um die Klimaerwärmung zu stoppen, ist aber vor allem ein Schritt unausweichlich: Fossile Brennstoffe müssen komplett von regenerativen Energiequellen abgelöst werden. Solche Maßnahmen erfordern ein kollektives Bewusstsein. Denn nur mit einem gemeinsamen Ziel vor Augen sind wir imstande, wirklich etwas zu bewegen.

Durch die weltweite Pandemie kam das öffentliche und gesellschaftliche Leben notgedrungen zum Stillstand, was die CO2-Emissionen zeitweise stark sinken ließ. Doch in puncto Klimaerwärmung besteht nach wie vor dringender Handlungsbedarf. Dass Bäume CO2 aus der Atmosphäre aufnehmen, ist längst allgemein bekannt. Es bleibt daher zu hoffen, dass wir uns künftig sowohl für den Naturschutz einsetzen als auch in die Entwicklung neuer Technologien zur Kohlenstoffspeicherung investieren. Anpassung meint per definitionem ein „gedeihliches Zusammenspiel zwischen einer Population und deren Umwelt". Um dies zu erreichen, müssen wir unsere Zivilisation und deren Funktionsweise noch beträchtlich verbessern. Der Übergang zu einer nachhaltigen Welt, in der Mensch und Natur im Einklang miteinander leben, wäre wohl die bisher größte Anpassung der Menschheit.

GEGENÜBER

Oosterscheldekering

2013

Das Oosterschelde-Sperrwerk im niederländischen Oosterscheldekering ist die größte von insgesamt 13 Sperranlagen, die die Niederlande vor Sturmfluten bzw. dem Hochwasser der Nordsee schützen sollen. Gebaut wurde das Sperrwerk als Reaktion auf die Flutkatastrophe von 1953, die weite Teile des Landes verwüstet und etliche Todesopfer gefordert hat. Das Bauwerk erstreckt sich über 9 Kilometer und verfügt über Schiebetore, die im Falle einer Sturmflut geschlossen werden. Indem die Anlage ein kontrolliertes Ein- und Ausströmen des Salzwassers in die Oosterschelde sicherstellt, trägt sie außerdem zum Erhalt der Tier- und Pflanzenwelt des Meeres bei. Das Oosterschelde-Sperrwerk soll mindestens 200 Jahre in Betrieb sein; als Paradebeispiel für Ingenieurskunst wird es teils sogar als achtes Weltwunder bezeichnet.

51.608691°N, 3.681047°O

Corona-Pandemie

DIESE DOPPELSEITE

Wuhan – Lockdown

Februar 2020

Wuhan ist die Hauptstadt der chinesischen Provinz Hubei. Das gesamte Stadtgebiet hat rund 11 Millionen Einwohner. In Wuhan trat im Dezember 2019 erstmals das Virus SARS-CoV-2, das sogenannte Coronavirus, auf. Als Ursprung des Virus gilt ein Großhandelsmarkt in der Stadt, auf dem verseuchtes Fleisch verkauft und verzehrt wurde. Als Reaktion auf die Krise kappte die chinesische Regierung am 23. Januar 2020 sämtliche Verkehrswege nach sowie aus Wuhan, sodass die Stadt komplett von der Außenwelt abgeschottet war. Um die Ausbreitung des Virus zu stoppen, begab sich die gesamte Provinz Hubei in eine zweimonatige Quarantäne. Da infolgedessen zahlreiche Fabriken der Region ihren Betrieb einstellen mussten, sanken die CO2-Emissionen in ganz China während des Lockdowns um 25 Prozent.

Trotz der strikten Maßnahmen griff das Coronavirus rasch auf andere Städte und auch auf andere Länder über. Zum einen weil es ein hochansteckendes Virus ist, zum anderen da von der Ansteckung bis zu den ersten Symptomen mehrere Tage vergehen können. Die Urbanisierung und unser modernes Transportwesen haben wesentlich zu der weltweiten Pandemie beigetragen. In Großstädten wie Madrid, Mailand oder New York City, wo Menschen auf engem Raum zusammenleben oder arbeiten, wurde der Krankheitserreger besonders rasch übertragen. Obendrein macht es unser globalisiertes Transportwesen für das Virus sehr einfach, Grenzen zu passieren und so oft tagelang unentdeckt zu bleiben.

30.532413°N, 114.277261°O

DIESE SEITE UND GEGENÜBER

Rückzug aus Deir ez-Zor

2012 / 2018

Deir ez-Zor ist die größte Stadt in Ostsyrien. Hier sieht man sie vor und während des syrischen Bürgerkrieges. Nach mehreren Dürreperioden Ende der 2000er- sowie zu Beginn der 2010er-Jahre waren immer mehr Syrer, die traditionell von der Landwirtschaft lebten, gezwungen, in Städte wie Deir ez-Zor zu ziehen. Die schon bestehenden politischen Spannungen im Land verschärften sich dadurch weiter, sodass es schließlich zum Ausbruch des Bürgerkrieges kam. Er war der Auslöser für die bis dato größte internationale Flüchtlingskrise. Über fünf Millionen Syrer flohen in die Nachbarstaaten, nach Afrika und Europa, um dem Konflikt im eigenen Land zu entkommen.

Die Weltbank schätzt, dass bis zum Jahr 2050 mehr als 140 Millionen weitere Flüchtlinge aus Afrika, Südasien und Lateinamerika aufgrund des Klimawandels eine neue Heimat suchen werden. Die meisten von ihnen werden vermutlich innerhalb der Landesgrenzen umziehen, was die ohnehin schon gestressten Städte und Kommunen zusätzlich belasten dürfte.

35.333333°N, 40.150000°O

Flüchtlingskrise in Syrien

DIESE SEITE

Zaatari – Jordanien

2016

Das Flüchtlingslager Zaatari ist die weltweit größte Unterkunft für syrische Flüchtlinge. Nachdem es 2012 als Übergangslösung erbaut und eröffnet wurde, suchten dort innerhalb nur eines Monats 15.000 Menschen Zuflucht. 2013 stieg die Zahl der Bewohner auf 156.000 an; dabei war das Lager offiziell nur auf 60.000 Personen ausgelegt. Zurzeit leben dort schätzungsweise 80.000 Flüchtlinge. Zaatari ist wie andere Flüchtlingsunterkünfte auch stark überfüllt, die Nahrung ist knapp und die Menschen leben dort unter extrem schlechten Bedingungen.

32.295667°N, 36.323750°O

DIESE SEITE

Kilis – Türkei

2018

In dem Flüchtlingslager in Kilis leben rund 15.000 Syrer. Seit Beginn der Krise hat der türkische Staat schätzungsweise 3,4 Millionen Flüchtlinge aufgenommen. Allerdings wurden bereits ab 2016 Einrichtungen wie diese wieder aufgelöst, wodurch mehrere Tausend syrische Flüchtlinge gezwungen waren, ins Kriegsgebiet zurückzukehren.

36.646944°N, 37.083056°O

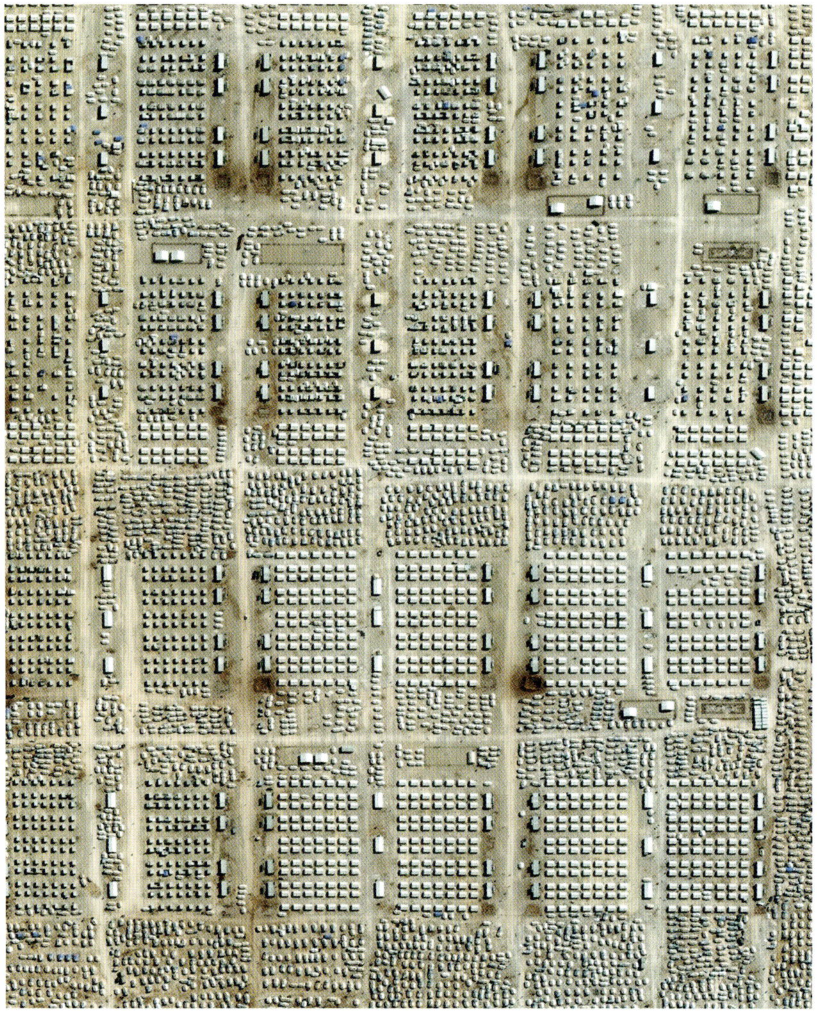

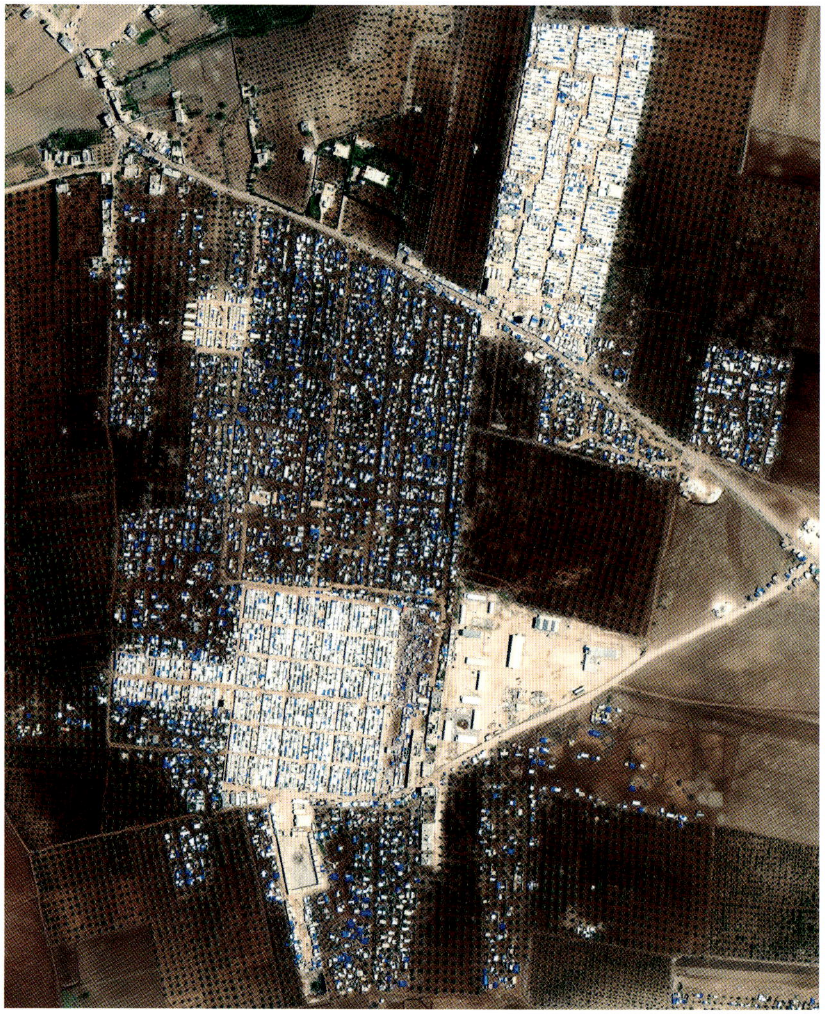

DIESE SEITE

Röszke – Ungarn / Grenze zu Serbien

2015

Vor Röszke, einer ungarischen Stadt am Grenzübergang zu Serbien, campierten im Jahr 2015 mehrere Hundert syrische Flüchtlinge in Zelten oder Bussen. Zwei Tage nachdem dieses Bild aufgenommen wurde, schloss Ungarn seine Grenzen und schickte die Geflohenen nach Serbien zurück.

46.181700°N, 20.010900°O

DIESE SEITE

Moria – Griechenland

2019

In dem griechischen Flüchtlingslager Moria, das für knapp 3.000 Menschen konzipiert wurde, lebten zwischenzeitlich mehr als 13.000 Flüchtlinge. Viele von ihnen hausten außerhalb des Lagers, ohne Strom und ohne fließendes Wasser.

39.134579°N, 26.503564°O

GEGENÜBER UND DIESE SEITE

Victorian Desalination Plant

2010 / 2019

Die Victorian Desalination Plant ist eine Meerwasserentsalzungsanlage im Bundesstaat Victoria (Australien). Sie wurde innerhalb von 4 Jahren erbaut, um die Wasserversorgung der Stadt Melbourne sicherzustellen. Eine ungünstige Kombination aus Trockenheit, Bevölkerungswachstum und schwindender Wasservorräte hatte dazu geführt, dass der Grundwasserpegel im Jahr 2009 28,4 Prozent unter dem Durchschnitt lag. Als die Anlage 2012 fertiggestellt wurde, litt die Stadt jedoch nicht mehr unter Wasserknappheit. Erst 2017 nahm sie den Betrieb auf. Die Fabrik hat eine Kapazität von 150 Gigalitern pro Jahr und kann somit ein Drittel des Wasserbedarfs von Melbourne decken. Allerdings ist die Meerwasserentsalzung alles andere als energieeffizient. Um Salz aus Wasser zu entfernen, wird rund 15-mal so viel Energie benötigt wie bei der Aufbereitung von Süßwasser.

38.588000°S, 145.526000°O

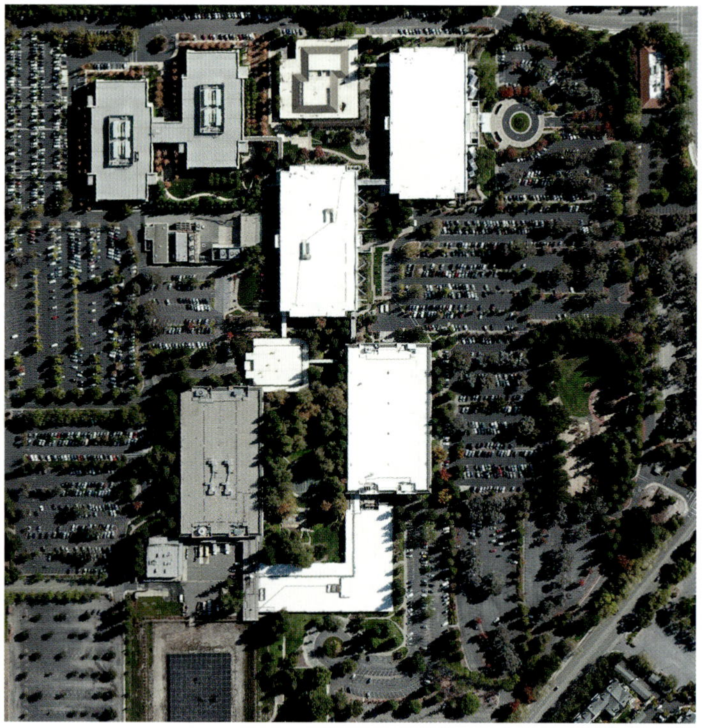

2010

2014

2016

2017

VORHERIGE DOPPELSEITE

California Flats Solar Project

2016 / 2017

Bei dem California Flats Solar Project handelt es sich um ein 2017 erbautes Photovoltaik-Kraftwerk, das 116.000 Haushalte in Kalifornien mit sauberem Strom versorgt. Außerdem scheidet es jährlich mehr als 120.152 Tonnen (109.000 metrische Tonnen) Kohlendioxid ab. Hierfür werden 55 Prozent von der Gesamtkapazität der Anlage benötigt. Die restlichen 45 Prozent des erzeugten Stroms gehen an den Apple Park (siehe rechts).

35.883333°N, 120.400000°W

DIESE SEITE UND GEGENÜBER

Apple Park

2010–2019

Der Apple Park in Cupertino (Kalifornien, USA) ist das neue Hauptquartier von Apple. Zuvor hatte der Konzern seinen Firmensitz auf dem 1993 eröffneten Apple Campus, ebenfalls in Cupertino. Der Apple Park ist eines der umweltfreundlichsten Gebäude der Welt. Es nutzt ausschließlich erneuerbare Energien, teils aus der firmeneigenen, weltweit größten Solaranlage, teils aus dem California Flats Solar Project (siehe links). Das Gebäude verfügt über eine natürliche Lüftung, sodass die HLKK-Anlage in neun Monaten im Jahr kaum in Betrieb genommen werden muss. In der Mitte des Geländes wurden außerdem trockentolerante Pflanzen angebaut, und im gesamten Gebäude wird wiederaufbereitetes Wasser benutzt.

37.334185°N, 122.009930°W

EPILOG

Zukunft

VORHERIGE DOPPELSEITE

Solarpark Benban
2020

Der 2019 fertiggestellte Solarpark Benban (Ägypten) ist das größte Solarkraftwerk der Welt und soll künftig sogar noch erweitert werden. Die Anlage war zunächst schrittweise in Betrieb genommen worden; ihre Gesamtleistung liegt bei 1.650 Megawatt. Bis 2022 will Ägypten 20 Prozent seines Stroms aus erneuerbaren Ressourcen erzeugen. Mithilfe des Solarparks sollen die jährlichen Treibhausgasemissionen um 2 Millionen Tonnen (1,8 Millionen metrische Tonnen) gesenkt werden – was der Abgasmenge von 400.000 Pkw entspricht.

24.449192°N, 32.717098°O

GEGENÜBER

Square Kilometre Array Observatory
Voraussichtliche Fertigstellung: 2027

Das Square Kilometre Array Observatory (SKAO) baut das größte Radioteleskop der Welt. Mithilfe von Radioempfängern in Südafrika und Australien wird dieses eine 50-mal höhere Bildauflösung als übliche Radioteleskope ermöglichen. Dieses Bild zeigt das Radioteleskop *MeerKAT* in der südafrikanischen Provinz Nordkap, dessen Satelliten unter anderem für SKAO genutzt werden sollen. Sobald das Riesenteleskop fertig ist (voraussichtlich 2027), hat die Wissenschaft große Pläne mit ihm. So erhofft man sich mit dessen Hilfe neue Erkenntnisse über Einsteins Relativitätstheorie, über den bereits bekannten Teil des Universums, aber auch über ferne Galaxien.

30.721130°N, 21.411128°W

Unser Planet – ebenso wie die Auswirkungen unserer Lebensweise auf ihn – verändert sich ständig. Die öffentliche Debatte dreht sich meist darum, was künftig passieren wird oder muss. Es ist jedoch auch ein tiefes Verständnis von der Vergangenheit nötig, um die Zukunft nachhaltig gestalten zu können. Die Bilder in diesem Buch sind der sichtbare Beweis für unsere Einflussnahme auf die Erde – sie führen vor Augen, wie sich das Gestern auf das Heute auswirkt. Die hier gezeigten Orte und Beispiele repräsentieren ein Zeitalter, in dem der Mensch sich zum wichtigsten Einflussfaktor auf der Erde entwickelt hat. Während der Fokus auf den vorherigen Seiten eher auf der Vergangenheit lag, stellen wir im Folgenden vor allem solche Großprojekte vor, die sich noch im Aufbau befinden bzw. gerade erst fertiggestellt wurden.

Es gibt bereits Wege und Mittel, um uns in eine bessere Zukunft zu führen. Natürlich können Technologien allein die durch den Klimawandel verursachten Probleme nicht lösen, erst recht nicht, da sich das Wetter immer extremer und unberechenbarer zeigt. Doch unabhängig davon ist es immer wieder beeindruckend zu sehen, wie Menschen einander inspirieren und gemeinsam an zukunftsorientierten Lösungen arbeiten, von denen einige in diesem Buch zu sehen sind. Wir hoffen sehr, dass in den nächsten Jahren noch etliche weitere solcher Projekte erdacht und verwirklicht werden.

Die Bilder in diesem Buch zeigen aber auch, wie ernst die Lage ist. Das ökologische Gleichgewicht der Erde droht zu kippen – wir geben mehr Kohlenstoff in die Atmosphäre ab, als die natürlichen Wälder bzw. unsere noch unausgereiften Speichertechnologien derzeit absorbieren können. Unsere Zivilisation mag ein stetig wachsendes Faszinosum darstellen. Aufgebaut wurde sie jedoch aus Gründen der Bequemlichkeit

Über Overview

Das Projekt *Overview* nutzt Satelliten- und Luftbildaufnahmen, um zu demonstrieren, wie sich die Gestalt der Erde durch den Einfluss des Menschen ebenso wie der Natur verändert. Auf diese Weise entstehen eindrückliche Bildwelten von dem Planeten, auf dem wir leben, und von der Zivilisation, die wir dort aufbauen. Mit unseren Büchern, Produkten und Partnerschaften wollen wir Menschen den Overview-Effekt nahebringen – jene prägende Erfahrung, die Astronauten machen, wenn sie auf die Erde hinabblicken und dabei sowohl Ehrfurcht als auch eine große Dankbarkeit für unsere Heimat empfinden.

GEGENÜBER

Blue Marble

6. Juli 2015

Hier sieht man das erste Bild der Erde – aufgenommen von dem Deep Space Climate Observatory (DSCOVR) aus einer Distanz von rund 1,6 Millionen Kilometern. Es ist eine Kombination aus drei Einzelaufnahmen, die zusammen ein vollständiges Bild unseres Planeten ergeben. Die Kamera des DSCOVR liefert täglich neue Bilder, sowohl in Echtzeit als auch zur Langzeitbeobachtung der Erde. In dieser Aufnahme erkennt man Nord- und Mittelamerika sowie dazwischen die seichten türkisfarbenen Gewässer der Karibik.

Die Autoren

Benjamin Grant ist der Autor der Bücher *Overview: Faszinierende Bilder unserer Erde aus dem Weltall* sowie von *Overview: Young Explorer's Edition*. Beide Bände basieren ebenso wie *Overview: Unsere Erde vorher und nachher* auf dem 2013 gegründeten Fotoblog *Overview*. Großformatige Drucke der Overview-Bilder waren bereits in internationalen Ausstellungen zu sehen, u. a. in München, San Francisco, New York, Tel Aviv, Los Angeles, Barcelona und Schweden. Benjamin studierte Geschichte sowie Kunstgeschichte an der Yale University und war dort Mitglied der Rudermannschaft. Heute lebt der begeisterte Radfahrer in San Francisco.

Timothy Dougherty kümmert sich seit 2016 um die Partnerschaften und die Content-Strategie von *Overview*. Für das *Breakthrough Journal* veröffentlichte er 2019 einen Artikel über die Urbanisierung aus der Overview-Perspektive. Tim wuchs in Philadelphia auf und besuchte anschließend die Georgetown University in Washington, wo er u. a. Finanzwesen an der McDonough School of Business studierte. Mittlerweile lebt er in San Francisco, wo er viel Zeit in der freien Natur verbringt.

Dank

Die Autoren danken

Hannah, Kaitlin, Betsy, Ashley, Jane, Mari und allen Mitarbeitern von Ten Speed Press – danke dafür, dass ihr immer an das Potenzial dieser Perspektive geglaubt habt.

Kirsten und Maxar Technologies – ihr wart die Ersten, die sich an unserem Projekt beteiligt haben, und helft uns seither, den Blickwinkel der Menschen auf die Erde zu erweitern.

Tony und Nearmap – danke für eure bereitwillige Unterstützung.

Manos, Erwan und ESA – dank eurer intensiven Recherche konnten wir in diesem Buch zeigen, wie wichtig der Faktor Zeit ist.

Robbie, Trevor und Planet – ihr habt uns geholfen, die Dinge im Zusammenhang zu sehen.

Gopal, Chris und dem Team von Google Earth – danke für diese unglaubliche Software, die das Medium der Satellitenfotografie für jedermann zugänglich macht.

Trevor – danke, dass du uns gezeigt hast, wie man diesen Bildern Leben einhaucht.

Eli und Kira – danke für eure Mitarbeit, die dieses Projekt am Laufen hält.

Ben:

Meinen Eltern und meiner Familie – danke für eure Unterstützung und Liebe. Ihr habt all dies erst möglich gemacht.

Tim – danke, dass du an unser Projekt geglaubt hast und es mit mir voller Enthusiasmus realisierst.

Pat – danke für deine Geistesblitze und deine unerschöpfliche Kreativität.

Patrick und Katya – danke, dass ihr mich dabei unterstützt habt, ein Zuhause zu finden.

Graham – danke für deine entschiedene Kritik und Begleitung.

Anna – danke, dass du mir geholfen hast, den großen Wert der Zeit zu erkennen.

Den Pasternaks – danke für ein Zuhause fernab der Heimat.

Tim:

Kelly – danke, dass du an allem, was ich tue, interessiert bist.

Nathan – danke für dein Feingefühl und deine unheimliche Gabe, Dinge klar zu formulieren.

Hannah – danke für dein Temperament, für deine jahrelange Unterstützung und Geduld.

Ben A. – danke, dass du in dieser Welt die Stimme der Vernunft bist.

Colton und Joe – danke, dass ihr die Voraussetzungen dafür schafft, das Unbekannte zu ergründen.

Pete und Tim – danke für euer offenes Ohr, eure Geduld und eure großartige Kritik.

Bildnachweis

MAXAR

Westminster, Colorada, USA

Originalbild © Maxar Technologies

Maxar Technologies ist ein amerikanischer Anbieter von hochauflösenden Satellitenbildern. Das Unternehmen arbeitet mit vier Satelliten, die gemeinsam eine Bildauflösung von maximal 30 cm ermöglichen, d. h. ein Bildpunkt entspricht 30 Quadratzentimetern Erdoberfläche. Die Entfernung dieser Satelliten zur Erde beträgt ungefähr 617 Kilometer.

39.912597°N, 105.002713°W

Cover: Gletscher, Campo de Hielo Sur, Patagonien
Seite 6: Tagebau Bingham Canyon
Seite 10 f..: Colorado River
Seite 14: Natronsee
Seite 18: Vulkaninsel Hunga Tonga-Hunga Ha'apai
Seite 20 f.: Boca Raton
Seite 22: L'Eixample, Barcelona
Seite 24 f.: Shanghai – Stadtzentrum
Seite 28 f.: Delhi – Wohngebiete
Seite 32 f.: New York City
Seite 34: Central Park
Seite 37: Bahrain – Entwicklung von Land- und Wasserwegen
Seite 39: Kibera
Seite 40 f.: Venedig
Seite 46 f.: Playa del Carmen – Strandpromenade
Seite 50: Tappan Zee Bridge
Seite 56 f.: Internationaler Flughafen Peking-Daxing (PKX)
Seite 60: Volkswagenwerk Wolfsburg
Seite 61: Bremerhaven – Hafen
Seite 62 f.: Sueskanal
Seite 64 f.: Singapur – Hafen
Seite 70 f.: Katar – Autobahn-Erweiterung
Seite 74 f.: Fahrtverlauf des *Thalys 9424*
Seite 78: Central de Abasto
Seite 86 f.: Rimini – Badestrand
Seite 88–91: Glastonbury Festival
Seite 93 f.: Burning Man
Seite 94: Vom Einkaufs- zum Logistikzentrum
Seite 102 f.: Sudogwon – Aufbau einer Mülldeponie
Seite 106 f.: Bingham Canyon Mine
Seite 108: Die Blaue Lagune
Seite 110 f.: Pivot-Beregnungssystem
Seite 113 : Saudi-Arabien – Pivot-Beregnung
Seite 114 f.: Bucht von San Francisco – Metropolregion
Seite 116: Bucht von San Francisco – Salzteiche
Seite 118 f.: Nanri Island – Aquakultur / Offshore-Windpark
Seite 122 f.: Aralsee
Seite 126 f.: Kasachstan – Baumwollanbau
Seite 128 f.: New Bullards Bar Reservoir – Erholung der Grundwasserbestände
Seite 133: Merowe-Staudamm
Seite 134: Entwaldung in Bolivien
Seite 136–139: Tulpenblüte in Holland
Seite 142 f.: Gewächshausbau in Spanien
Seite 147: Windpark Fântânele-Cogealac
Seite 148: Bau des Solarkraftwerks Ouarzazate
Seite 149: Noor III – Solarkonzentrator
Seite 150 f.: Vergrößerung eines Rinder-Feedlot
Seite 154 f.: Amazonas-Regenwald – Brandrodung
Seite 158 f.: Rondônia – Phasen der Entwaldung
Seite 160 f.: Sumatra – Entwaldung
Seite 162 f.: Sumatra – Palmölplantage
Seite 164 f.: Oregon – Kahlschlag
Seite 168: Qinhuangdao – Kohleterminal
Seite 170 f: Salar de Uyuni
Seite 173: Tesla Gigafactory 1
Seite 174 f.: Bergwerk Olympic Dam
Seite 177: Kernkraftwerk Palo Verde
Seite 178: Tagebau Jänschwalde
Seite 179: Kernkraftwerk Jänschwalde
Seite 180: Florida – Phosphatabbau
Seite 181: Kansas – Weizenanbau
Seite 182 f.: Paragominas – Bauxitmine
Seite 184: Binzhou – Aluminiumhütte
Seite 185: Aluminiumbedachungen in Ansan
Seite 186 f.: Dammbruch von Brumadinho
Seite 188 f.: Verschmutzung des Paraopeba
Seite 190 f.: Ausmaß der Verunreinigungen
Seite 192: Wisconsin – Sandgrube
Seite 193: Oklahoma – Fracking-Bohrplätze
Seite 194: Petrochemische Fabrik und Kunststoffproduktion
Seite 199: Vergrößerung der Athabasca-Ölsande
Seite 200 f.: Camp Fire – Folgen
Seite 216 f.: Kapstadt – Wasserkrise
Seite 220–223: Nebraska / Iowa – Überschwemmungen
Seite 224: Bruch des Oroville-Staudamms
Seite 226 f.: Sacha – Abschmelzen des Permafrostes
Seite 228 f.: Schwund des Columbia-Gletschers
Seite 232–235: Grönland – vorzeitige Schmelze des Eisschildes
Seite 236 f.: Rückgang des antarktischen Meereises
Seite 238 f.: Eisschmelze an der Esperanza-Station
Seite 240: Oosterscheldekering
Seite 242 f.: Wuhan – Lockdown
Seite 244: Wuhan – Krankenhausbau
Seite 245: Abstandsregel
Seite 246 f.: Rückzug aus Deir ez-Zor
Seite 248: Kilis – Türkei
Seite 249: Moria – Griechenland
Seite 250 f.: Victorian Desalination Plant
Seite 252–255: Afrikas Grüne Mauer
Seite 256 f.: The Sustainable City
Seite 262 f.: California Flats Solar Project
Seite 264: Apple Park (1/4)
Seite 266 f.: Solarpark Benban
Seite 268: Square Kilometre Array Observatory
Seite 270 f.: MOSE, Venedig
Seite 272: DevLoop
Seite 276: Virgin Galactic – bemannte Raumflüge

nearmap

Barangaroo, Australien

Originalbild © Nearmap

Der Luftbild-Anbieter Nearmap setzt Kleinflugzeuge aus Australien, Kanada, Neuseeland sowie aus den USA ein. Dank eines patentierten, integrierten Kamerasystems kann Nearmap binnen kurzer Zeit weite Regionen der Erde erfassen und ultrascharfe Bilder mit einer Auflösung von 7,5 cm aufnehmen. Die Flughöhe von Nearmaps Maschinen beträgt rund 5.500 Meter.

33.863704°S,151.199950°O

Seite 16: Niagarafälle
Seite 35: Sheep Meadow
Seite 44 f.: Las Vegas – Siedlungsentwicklung
Seite 52 f.: Hartsfield Jackson Atlanta International Airport (ATL)
Seite 54 f.: Hartsfield-Jackson – Start- und Landebahnen
Seite 58 f.: Flugverbot für die *Boeing 737*
Seite 66 f.: Lkw am Hafen von Los Angeles
Seite 68 f.: Holland Tunnel – Verkehrslage
Seite 72 f.: Parkplätze für VW Diesel
Seite 76: PortMiami
Seite 77: *Navigator of the Seas*
Seite 82 f.: Esplanade Reserve / Elizabeth Quay – Neugestaltung
Seite 84 f.: Arrowhead Stadium
Seite 95: Vom Einkaufs- zum Logistikzentrum
Seite 96–99: Reifenfriedhof
Seite 100 f.: New York – Recyclingverfahren
Seite 104 f.: Melbourne – Kläranlage
Seite 117: Bucht von San Francisco – Salzteiche
Seite 144 f.: Rapsblüte
Seite 146: Windrad-Fabrik
Seite 166 f.: Washington – Sägewerk
Seite 176: Hafen von Adelaide
Seite 195: Petrochemische Fabrik und Kunststoffproduktion
Seite 200 f.: Hurrikan Michael – Schäden
Seite 202: Great Barrier Reef – Korallenbleiche
Seite 204 f.: Miami – Red Tide
Seite 225: Bruch des Oroville-Staudamms
Seite 258 f.: Solarprojekt Westmont
Seite 260 f.: Kohlenstoffabscheidung und -speicherung
Seite 264 f.: Apple Park

Washington, D.C., USA

Originalbild mit freundlicher Genehmigung der NASA

Die Nationale Aeronautik- und Raumfahrtbehörde (NASA) ist eine unabhängige US-Regierungsorganisation. Zu ihren Aufgaben zählen das zivile Raumfahrtprogramm, die Entwicklung der Luftfahrttechnik sowie die Erforschung des Universums. Im Rahmen ihres Programms zur Erdbeobachtung nutzt die NASA sowohl neue als auch alte Aufnahmen von Satelliten, die den Planeten aus rund 700 Kilometern Entfernung fotografieren. Die hier mit einem Sternchen (*) versehenen Bilder wurden nachträglich durch das Team von Google Earth Timelapse bearbeitet.

`38.883055°N, 77.016388°W`

Seite 26 f.: Shanghai – Wachstum
Seite 30 f.: Delhi – Wachstum
Seite 36: Bahrain – Landgewinnung
Seite 38: Nairobi – Wachstum
Seite 48 f.: Playa del Carmen – Wachstum*
Seite 81: Die Lichter von Paris
Seite 112: Saudi-Arabien – Pivot-Beregnung*
Seite 124 f.: Zerfall des Aralsees
Seite 132: Merowe-Staudamm
Seite 172: Salar de Uyuni – Lithiummine
Seite 198: Vergrößerung der Athabasca-Ölsande
Seite 208 f.: Camp Fire
Seite 230: Schwund des Columbia Gletschers*
Seite 234 f.: Grönland – vorzeitige Schmelze des Eisschildes
Seite 278: Blue Marble

San Francisco, CA, USA

Originalbild © Planet

Mithilfe einer Vielzahl kleiner Satelliten nimmt Planet täglich neue Bilder unserer Erde auf und macht so den globalen Wandel sichtbar und unverkennbar. Mit mehr als 150 Satelliten verfügt Planet über die größte Erdbeobachtungssatelliten-Konstellation der Welt. Die meisten Satelliten des Unternehmens bieten eine Auflösung von drei bis fünf Meter (wobei im Einzelnen bis zu 80 Zentimeter pro Bildpunkt abgebildet werden) und fliegen in einer Höhe von 418 bis 676 Kilometern.

`37.783437°N, 122.396258°W`

Seite 80: Die Lichter von Paris
Seite 120 f.: Nanri Island – Aquakultur / Offshore-Windpark
Seite 130 f.: Sierra Nevada – Schneedecke
Seite 140 f.: Gewächshausbau in Spanien
Seite 196 f.: Vergrößerung der Athabasca-Ölsande
Seite 218 f.: Kapstadt – Wasserkrise
Seite 274 f.: Offshore-Windpark Hornsea

Paris, Frankreich

Originalbild mit freundlicher Genehmigung der ESA

Die europäische Weltraumorganisation (ESA) ist ein internationaler Zusammenschluss aus 22 Mitgliedstaaten zur Erforschung des Weltalls. Im Rahmen ihres Programms *Copernicus* und mithilfe sogenannter Sentinel-Satelliten strebt die Organisation eine autonome und präzise Langzeitbeobachtung der Erde an. Ihr Wirken zielt auf ein besseres Umweltmanagement ab; außerdem erhofft sich die ESA Erkenntnisse über die Folgen des Klimawandels und wie man diesem entgegenwirken kann. Die Sentinel-Satelliten umkreisen die Erde in ungefähr 785 Kilometern Höhe.

`48.848336°N, 2.301978°O`

Seite 12: Die Anden
Seite 42 f.: Las Vegas – Wachstum
Seite 156 f.: Amazonas-Regenwald – Entwaldung
Seite 206 f.: Chicago – Polarwirbel
Seite 231: Schwund des Columbia-Gletschers

Graz, Österreich

Originalbild © Vexcel

Vexcel versieht Flugzeuge mit einzigartigen Luftbildkameras, um Detailansichten von Orten rund um den Globus aufzunehmen. Die Maschinen fliegen in 1.980 bis 5.258 Meter Höhe, und ihre Luftbilder bieten eine Auflösung von 7,5 cm.

`47.066667°N, 15.433333°O`

Seite 211: Camp Fire – Folgen

Tokio, Japan

Originalbild mit freundlicher Genehmigung der JMA

Die Japan Meteorological Agency (JMA) erforscht mithilfe von Satelliten das Wetter. Der Satellit *Himawari-8*, der auch das hier gezeigte Bild aufgenommen hat, befindet sich 35.786 Kilometer von der Erde entfernt. Durch diese große Distanz kann seine Kamera den gesamten Himmelskörper in nur einem einzigen Bild festhalten. Diese Aufnahme der Erde wurde nachträglich durch RAMMB/CIRA/CSU bearbeitet.

`35.689662°N, 139.744365°O`

Seite 214 f.: Buschbrände aus dem Weltall betrachtet

Register

G

H

I

J

K

L

M

Umschlagvorderseite: **Aralsee, 2001/2018,** S. 124–127
Umschlagrückseite: **Miami – Red Tide, Mai 2017 / Juni 2018,** S. 204–206
Bezug: **Rückgang des antarktischen Meereises, 2019,** S. 236–238

Die englische Originalausgabe erschien 2021
unter dem Titel *Overview. Timelapse* bei Ten Speed Press,
einem Imprint von Random House, einer Gesellschaft
von Penguin Random House LLC

Erste Auflage 2021

Verlagskoordination: Marisa Botz
Übersetzung: Nina Goldt
Lektorat: Susanne Philippi
Satz: Hilde Knauer
Umschlag: Birgit Haermeyer

Printed in Italy

ISBN 978-3-8321-9996-8
www.dumont-buchverlag.de